数学奇遇记

陈东栋 著

山东城市出版传媒集团·济南出版社

图书在版编目(CIP)数据

数学奇遇记／陈东栋著 . —济南:济南出版社,
2017.5(2017.8 重印)
ISBN 978 - 7 - 5488 - 2565 - 4

Ⅰ. ①数…　Ⅱ. ①陈…　Ⅲ. ①数学—少儿读物
Ⅳ. ①O1 - 49

中国版本图书馆 CIP 数据核字(2017)第 112304 号

出版发行	济南出版社
地　　址	济南市二环南路 1 号(250002)
发行热线	0531 - 86116641　86131730
印　　刷	山东天马旅游印务有限公司
版　　次	2017 年 5 月第 1 版
印　　次	2017 年 8 月第 2 次印刷
成品尺寸	148 mm×210 mm　32 开
印　　张	6
字　　数	115 千
印　　数	6001–12000 册
定　　价	20.00 元

(济南版图书,如有印装质量问题,可随时调换。电话:0531 -
86131716)

致小朋友

　　许多孩子不喜欢数学，他们觉得学习数学就像在数字和符号组成的题海中苦苦挣扎。他们也有一个梦想，梦想自己的数学学习之旅就像一次次思维的探险、一次次美妙的奇遇、一次次激动人心的破解。他们更有许多希望，希望数学不再那么单调，数学学习能像听故事那样轻松有趣；希望数学不再那么枯燥，数学学习能像警察破案那样富有成就感；希望数学不再那么古板，数学学习能像游戏那样引人入胜……

　　兴趣是最好的老师，为了让孩子们爱上数学，我们只有改变——虽然不能改变知识，但能改变知识呈现的方式。本套图书是以人教、苏教版教材为依据，结合孩子们的学习能力，为孩子们学习数学而量身定做的一套趣味数学故事丛书。

　　《数学奇遇记》安排了蜜蜂王国奇遇记、海底世界奇遇记、阿凡提智斗记、八戒经商奇遇记、"狐丽狐途蛋"奇遇记、文迪古代奇遇记、智慧北游奇遇记，共7个数学奇遇故事。读完这本书，你会为阿凡提劫富济贫、伸张正义之举而赞叹，你会因文迪的古代之旅而脑洞大开，你会为兔子凭借数学智慧战胜狐狸而鼓掌，你会因八戒不懂数学处处受挫而捧腹大笑……同时，你也会体悟到数学的魅力、数学的妙趣、数学思维和方法的重要、数学历史的丰富。

《数学历险记》安排了玩具历险记、鼠王国历险记、酷酷猴历险记、沙漠古城历险记、狼窝历险记、妙算城历险记，共6个数学历险故事。打开这本书，你会有种身临其境的感觉：陪伴几个受到不公平对待的玩具去寻找新的小主人；跟随土地爷到充满危险的鼠王国走一遭，只为找回被老鼠盗走的数学书；变成孙悟空的弟子酷酷猴来一次人间之行；变成故事中的主人公，在沙漠古城中解开一个个古人设计的机关；掉进妙算城，经历一次头脑风暴，成为拯救地球的卫士……读完这本书，你会为数学蕴藏的巨大能量而赞叹，会为今后学好数学而努力。

　　《数学破案记》安排了军鸽天奇破案记、数学王子破案记、兔子白雪从警记、"包青天"破案记，共4个破案故事。读完本书，你会为一只兔子喝彩，它为实现自己当警察的理想而付出不懈的努力。兔子是弱小、胆怯的代表，但本故事中的兔子因为数学而变得智慧，因为数学而变得强大。为了寻找食肉动物发狂的真正原因，兔子白雪和狐狸令狐聪成为好友，历经千辛万苦，终于找到了隐藏在背后的真正元凶。

　　捧起这套图书，阅读智慧数学故事，你就会明白：数学是一条路，一条通往快乐的路，让你备感愉悦；数学是一种美，一种超越现实的美，它能让你的思维变得自由灵活；数学是一双眼睛，通过这双眼睛，你会发现世界变得更加斑斓多彩。

陈东栋
2017年5月

目 录

蜜蜂王国奇遇记

在一个蜜蜂王国里，正当大家为过冬的粮食发愁时，侦察兵欧文传来了好消息——他发现了一块未被采集的菊花地。工蜂们浩浩荡荡地赶去，却发现花粉被强盗胡蜂抢走了，于是一场争夺食物的大战开始了……

重大发现

秋天，百花凋谢，已过了采集花蜜的时节。在一个巨大的蜂房里，杜特将军愁得茶饭不思，正和艾伦军师商讨大事："唉，蜂后的饭量又大了，新孵出的几百只小蜜蜂也要开始喂食了，今年过冬的粮食我们还没有准备充足。"

这时，门外传来了敲门声："报……报告将军，我……我有重大发现！"侦察兵欧文累得气喘吁吁。

"别急，慢慢说。"杜特将军递给欧文一杯蜂蜜水。

"好消息，这绝对是一个天大的好消息！在我们西北方向，距离 5 千米处，我发现了一片刚刚盛开的菊花。"

"真的有刚盛开的菊花？"

"是的，我亲眼所见。我不仅留下了记号，还清点了，一共有 86 朵盛开的菊花。"欧文喝了一口蜂蜜水，兴奋地说道。

"将军，我们应该尽快派工蜂一次性采集完这片菊花，免得被其他蜂类捷足先登。"艾伦军师的见识就是高。

"一次性采完这片菊花，需要派多少只工蜂去呢？"杜特感到有些棘手。

"一般来说，一朵菊花需要 4 只蜜蜂才能采完。我们只需要派出 86×4 只蜜蜂就可以了。"艾伦提醒道。

"86×4，要怎么算呢？"

"可以列竖式计算。有一次我误闯入一间教室，正好听了几节人类的数学课。"欧文蘸了点蜂蜜水，在桌子上列了一个竖式：

$$
\begin{array}{r}
8\ 6 \\
\times\quad 4 \\
\hline
\end{array}
$$

欧文一边计算，一边讲解其中的算理："多位数乘一位数，从个位乘起，运用乘法口诀先算 $6 \times 4 = 24$，向十位进二，所以在横线下面写4。然后再算 $8 \times 4 = 32$，加上个位进过来的2，那就是34，所以在横线下面写上34。最后答案是344。"

$$
\begin{array}{r}
8\ 6 \\
\times\quad 4 \\
\hline
3\ 4\ 4
\end{array}
$$

艾伦听了点点头，说道："算得不错，但算理没有讲清。"说完，他也在桌上列了一个算式：

$$
\begin{array}{r}
8\ 6 \\
\times\quad 4 \\
\hline
2\ 4 \\
3\ 2\quad \\
\hline
3\ 4\ 4
\end{array}
$$

……4个6相乘等于24个一

……4个80相乘等于32个十

……加起来等于344

列完算式，艾伦说道："将军，我现在就去通知鲁杰队长，让他带领344只工蜂前去采集食物。"

"军师，你也一起去。有你在，我会更放心。"杜特将军想了想，说道。

【数学小笑话1】

测谎器

爸爸有一个测谎器。一天，他问儿子："你今天数学考了几分？"

儿子答道："90分。"测谎器响了。

儿子又改说："70分。"测谎器还是响了。

爸爸生气地说道："我以前都是考90分以上。"这一次，测谎器没有响，却翻倒了。

行军途中

"兄弟们，出发去采集食物喽！"欧文在蜂巢口跳起了"8"字舞，给伙伴们鼓劲加油。

"我也要去！"顽皮的小公主花仙子从蜂巢里钻出来，跳到欧文的肩膀上。

欧文天不怕地不怕，可一遇到花仙子便一筹莫展："公主，我们不是去玩，而是行军，可能会遇到危险。"

"我不管！上次你偷偷地飞到人类的教室，没有带上我，这次你休想丢下我！"花仙子摆出一副不容商量的样子。

长长的队伍浩浩荡荡地飞出了蜂巢，足足有20米长。鲁杰队长在前面带队，艾伦和欧文在后面照顾花仙子。

初次出远门的花仙子对一切都感到新鲜，一会儿飞到东，一会儿飞到西。突然，花仙子不见了，艾伦和欧文吓得赶紧四处寻找。这时，一片枯叶从树枝上飘落，随风飞舞，只见花仙子趴在树叶上兴奋地叫道："欧文快来，我会开飞机喽！"

玩累了的花仙子骑在欧文的背上。欧文累得直喘气，对艾伦说道："军师，我累得快不行了，必须让队伍停下休息，否则我们跟不上了。"

"你去通知鲁杰队长，让队伍停下来休息。我最多还能坚持 6 分钟。"艾伦也感到体力不支。

"现在队伍的前进速度是每分钟 80 米，我的最快速度是每分钟 84 米，队伍长 20 米。军师，你帮我算算，我要多长时间才能通知到鲁杰队长？"欧文问道。

艾伦可是王国里最有智慧的，他想了想，说："这道题目需要这么想——你要追上鲁杰队长，就必须比大部队多飞 20 米。你每分钟比大部队多飞 4 米，所以只需要 20 ÷ 4 = 5（分钟），就能通知到鲁杰了。"

5 分钟后，队伍停了下来。鲁杰看了一眼手中的里程表，问道："我们已经飞行了 3998 米，快算算，还有多远能到达目的地？"

花仙子列了一个竖式：

$$
\begin{array}{r}
5\ 0\ 0\ 0 \\
-\ 3\ 9\ 9\ 8 \\
\hline
\end{array}
$$

"妈呀，这么多0，我头都晕了。"花仙子叫道。

"公主，不用这么麻烦，这个问题可以口算——还有1002米。"欧文提醒道。

"快教教我。"

欧文解释道："你可以把3998米看成4000米，5000 − 4000 = 1000（米）。由于多减了2米，所以最后再加上2，就知道结果是1002米了。"

"欧文，有这么好的办法为什么不早点告诉我？现在我罚你背我，还得把你偷学的本领全教给我。"花仙子再一次缠上了欧文。

【数学小笑话2】

面　积

一位农夫请来了工程师、物理学家和数学家，想用最少的篱笆围出最大的面积。

工程师用篱笆围成一个圆，并宣称这是最优设计。

物理学家将篱笆拉成一条长长的直线。假设篱笆有无限长，他认为足以围起整个地球了。

数学家好好嘲笑了他们一番。他用很少的篱笆把自己围起来，然后说："我现在是在外面。"

花粉被盗采

蜂队经过长途跋涉，终于到达了目的地。可是让大伙吃惊的是，花粉竟然被盗采一空。

"欧文，你知道撒谎的后果是什么吗？"鲁杰队长大声训斥道。

欧文挺直腰杆，说道："我没撒谎。你们看，我还在这里做了记号。"

"还狡辩！欧文，你欺骗几百只蜜蜂出巢，让大家白跑一趟，这可是死罪！"鲁杰命令士兵把欧文捆了起来，决定当场处死他。

"没有蜂后的命令，你无权判处欧文死刑！"花仙子虽然平时喜欢捉弄欧文，但是关键时候她挺身而出。

鲁杰振振有词："将在外，君命有所不受！"

情急之下，花仙子掏出了一枚亮闪闪的金牌，说道："我用这个换欧文的一条命。"

"免罚金牌？对，这可是蜂后才会有的。"大伙小声地议论着。

"谁在吵，打扰我休息？"这时，一只枯叶蝶从树枝上飞了下来。

"蝶姐姐，对不起。我今天好不容易发现了一片盛开的菊花，于是和大伙一起赶来，不料花粉不知被谁采光了。我们一时心急，就吵了起来。"欧文礼貌地说道。

"那帮强盗！"

"强盗？他们是谁？"欧文急切地问道。

枯叶蝶咬牙切齿地说："还有谁，胡蜂！我要是没有这身伪装，肯定没命了。"

艾伦问道："胡蜂是什么时候走的？"

枯叶蝶拿出一块摔坏的手表，说："这是他们离开时掉落的手表，应该是这个时间走的。"说完，她又看了一下自己的手表。

胡蜂离开时　　　枯叶蝶的手表
掉落的手表

"胡蜂在 3：55 离开，现在是 4：07，他们刚走一会儿……唉，我也算不清楚。"

欧文接过话，说："只要用 4：07 减去 3：55 就可以了，不过，这个好像不可以列竖式计算。"

艾伦解释道："可以这么想，3：55 到 4：00 经过了 5 分钟，4：00 到 4：07 经过了 7 分钟，加起来便可得知，胡蜂离开 12 分钟了。"

"12 分钟？那我们现在就出发，还来得及追回属于我们的花粉。"鲁杰立刻召集队伍，按枯叶蝶指的方向追去。

【数学小笑话3】

老 K

老师："从今天起，我给你补课，你以后不要再把时间浪费在玩扑克牌上了。"

学生："是。"

老师："10 加 3 等于什么？"

学生："老 K！"

骑牛过河

太阳快落山了，气温骤然降了下来。一冷一热，外加长时间的飞行，娇生惯养的花仙子公主病倒了。

"我来照顾花仙子，你们继续追赶。"欧文主动承担起照顾花仙子的重任。

一条大河拦住了欧文和花仙子。"河太宽了，风也大，我背着你肯定飞不过去。"欧文把花仙子放在一片树叶上，焦急地说道。

"欧文，你瞧，那三个大家伙是什么？"

欧文一看，原来是自己以前认识的三头奶牛，正准备过河呢。"哈哈，这下我们有办法过河了!"

"嘿，牛大姐，可否载我们一程?"欧文飞到中间那头牛耳朵旁边，大声地问道。

牛大姐四处张望，这才发现欧文，笑道:"我以为是谁呢，原来是你这个小家伙。"

"你们过河干吗?"牛小妹好奇地问道。

"胡蜂抢了我们的花粉，我们得去要回来!"

个头最大的奶牛妈妈说道:"可不能惹那些家伙。我听主人说，有一头小牛被胡蜂蜇死了。"

欧文和花仙子还是跟着三头牛来到一座木桥边。看到限重标志，欧文连忙拦住奶牛，说道:"你们瞧，这桥限重 1 吨，你们一起过桥可能会有危险。"

牛大姐说:"谢谢你提醒我们。要不然，我们一头一头过桥吧。"

"我如果知道你们的体重，可能会有更好的办法。"欧文回道。

牛大姐说道:"我们上次称体重时，是两两一起称的。我和妈妈共重 1040 千克，我和妹妹共重 980 千克，妈妈和妹妹共重 1010 千克。"

欧文肯定地说:"1 吨 = 1000 千克。为了安全，牛妈妈必须单独过桥，否则会有危险。"

牛小妹心生羡慕，说道:"你可真厉害，那你有办法知道我的体重吗?"

欧文自信地说："当然可以了。先用 1040 + 980 + 1010，可知你们仨体重总和的两倍是 3030 千克；然后用 3030 ÷ 2，可知你们仨体重的总和是 1515 千克；最后用 1515 - 1040，就可以知道你的体重是 475 千克了。"

【数学小笑话4】

结　果

老师："假如你哥哥有 5 个苹果，你拿走了 3 个，结果会怎么样呢？"

仔仔："他会揍我。"

被困蜘蛛网

过完桥，晚上，花仙子指着天空问道："欧文，萤火虫怎么飞那么高呢？"

欧文笑道："那是星星，不是萤火虫。"

第二天，天刚蒙蒙亮，花仙子和欧文在牛棚中玩捉迷藏的游戏。一不小心，花仙子撞上了蜘蛛网，被牢牢地粘在网上。"救命啊！救命啊！"花仙子大声地呼叫着。

欧文听到呼救声，连忙飞过来。欧文使劲拉花仙子，可还是拉不下来。

蜘蛛网晃动着，把熟睡的蜘蛛惊醒了。"哈哈，又可以饱餐一顿了！"说完，蜘蛛便朝花仙子爬了过来。

"牛大姐，快帮帮忙啊！"欧文哀求道。

"我们也够不着啊，你快去叫草堆里的螳螂兄弟来帮忙吧。"牛小妹帮忙支着。

正当蜘蛛把花仙子缠住，准备享用美食时，欧文带着4只小螳螂飞了过来。螳螂兄弟舞动着前腿，用锋利的锯齿吓退了蜘蛛，割断了蜘蛛网，救出了花仙子。

欧文和花仙子感激地说道："谢谢你们！"

一只小螳螂说："不用谢，其实我们也有一个问题想请你们帮忙呢。"

欧文问道："什么问题？只要我们能办到，就一定帮忙。"

另一只小螳螂在地上画了一幅图，说道："我们的妈妈想

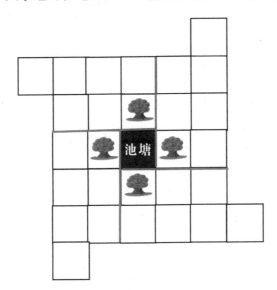

把这块地平均分给我们兄弟4个,每个兄弟都能分得一棵苹果树,应该怎么分才公平呢?"

欧文想了想,自信地在图上画了几笔,说:"看,你们4个分得的土地一样多,大家共用池塘。"

"太谢谢你了,困扰我们好久的问题终于解决了。"说完螳螂兄弟便飞回去了。

欧文担忧道:"花仙子,我们赶紧去寻找大部队吧,我有些不放心。"

"是啊,虽说有军师在,可胡蜂太狡猾了。"花仙子点点头。

【数学小笑话5】

比他多一点

爸爸:"这次数学考试,大明考了95分。小明,你考了多少分?"

小明:"我比大明多一点。"

爸爸:"你考了96分还是97分?"

小明:"都不是,我考了9.5分。"

该走哪条路

"瞧，艾伦军师在前面等我们呢!"花仙子兴奋地叫了起来。

军师抱起花仙子公主端详了一会儿，说道:"恢复得不错，这下我就放心了。"

"艾伦叔叔，怎么没见到鲁杰队长?"花仙子询问道。

"唉，这个心急的家伙，自己带了一支队伍先去追赶胡蜂了。"军师担心地说道。

"那我们也赶紧上路吧。"欧文也想早点完成任务。

一个侦察兵拿着图纸，问道:"报告军师，前面有两条路，我们该走哪条路呢?"

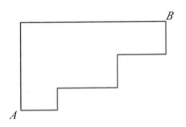

"黑色的路短一些。灰色的路折来折去，好像长了许多。"花仙子指着图上的两条路线说道。

"你确定?"欧文反问道。

"不确定，还是问问军师吧。"

军师看了图纸后，说:"这两条路一样长，只不过灰色线路的弯多一些而已。"

"不可能，怎么会一样长呢？"花仙子坚持自己的观点。

军师用树枝在地上画了一幅图，笑道："现在你们说，哪条路长一些呢？"

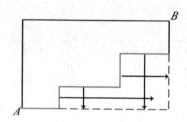

"太不可思议了，真的一样长。"这一次，花仙子可是心服口服。

"军师，我在灰色线路上发现了鲁杰队长留下的记号。"又一个侦察兵汇报道。

"走灰色线路，与鲁杰队长会合。"军师下令道。

路越来越窄，由于树叶太茂盛，光线也很暗。欧文有一种不祥的预感，他问道："军师，会不会有埋伏？"

侦察兵发现树丛里有动静，大叫道："树丛里有埋伏！"

"准备战斗！"军师下令。

"别打！我是鲁杰。"这时，灰头土脸的鲁杰从草丛里飞了出来，全身都受了伤。

"怎么回事？"

"我们中了胡蜂的埋伏。花粉是这帮家伙盗采，准备引诱我们上钩的。我正要和他们理论，他们却抢先动手，俘虏了我的士兵。我侥幸逃脱。"鲁杰垂头丧气地描述了所发生的事情，然后问道，"军师，现在怎么办?"

"打起精神来，我们一定要夺回属于我们的食物!"军师的一句话，立刻让所有的蜜蜂士兵鼓起了战斗的勇气。

【数学小笑话6】

早知道就多说点了

奶奶:"1加2等于几?"

孙子:"等于3。"

奶奶:"答对了，因此你会得到3块糖。"

孙子:"早知道这样，我就说等于5了。"

相同的遭遇

"胡蜂的老巢在哪里?"艾伦军师问道。

鲁杰队长指着不远处的一棵巨大的榕树，说道:"胡蜂在榕树上，用坚硬的泥土构筑了一座城堡。"

"大家隐蔽。"艾伦军师带领大伙悄悄地躲藏在大树底下的草丛中。

欧文拿出望远镜，仔细地观察了一会儿，说道:"整座城堡只有一个入口，而且有重兵把守，我们根本进不去。"

"等到晚上，我们偷偷地进去。"天真的花仙子提议道。

"全体士兵先填饱肚子，原地休息，晚上我们再行动。"艾伦也觉得利用夜幕的掩护进行偷袭是唯一的办法。

突然，榕树底下的一个树洞中涌出了一群全副武装的蚂蚁，为首的一只叫道："长翅膀的强盗，你们是不是又想来抢食物？"

艾伦镇定地回道："你肯定误会了。我们虽然有翅膀，但不是强盗，反而是被抢的受害者。"

蚂蚁队长安利打量了艾伦他们一番，摇摇头说："的确不是你们抢的，不过你们和强盗长得挺像。"

"我能冒昧地问一句，是谁抢了你们的食物吗？"花仙子好奇地问道。

安利恨得直咬牙，说道："胡蜂，那群可恨的家伙！我们好不容易得到了一块蜂蜜蛋糕，正在大树底下举办派对，还没吃上几口，剩下的全被胡蜂抢走了。"

"胡蜂抢走了多少？"

一只小蚂蚁抢着说道："我们平均分成了 24 份，才刚刚吃了 5 份。"

欧文用树枝在地上画了一个圆，把它平均分成了 24 份，将其中的 5 份做上标记后说道："他们抢走了这块蛋糕的 $1 - \dfrac{5}{24} = \dfrac{19}{24}$。"

"更可恶的是，他们吃掉了 7 份后，拿剩下的蛋糕要挟我们，说只要帮他们收集到足够的花蜜，就把剩下的蛋糕还给我们。"小蚂蚁气愤地说道。

"这块蛋糕还剩下$\frac{19}{24} - \frac{7}{24} = \frac{12}{24}$。"欧文很快算出了结果。

艾伦叹了口气，对蚂蚁说："我们和你们的遭遇是一样的，我们也要夺回原本属于自己的食物。"

安利仰头看了看城堡，摇了摇头说："太难了。有一帮警卫 24 小时轮流守护着抢来的食物，我们根本没办法夺回来。"

安利的一番话，把大伙重新燃起的希望之火浇灭了。

【数学小笑话7】

发数学考卷

小王考了 0 分，他没好气地一把接过考卷。

老师："小心，用两只手接，别把蛋打破了。"

合　作

"偷袭也不成，难道就这样放弃吗?"花仙子心有不甘地说道。

"办法是有一个，不过……"安利队长吞吞吐吐。

欧文斩钉截铁地说："只要能夺回食物，再困难，我们也要试一试!"

"在大榕树的树干底下，有一个秘密通道直接通到胡蜂的城堡。我敢断定，连胡蜂也不知道这个秘密。"安利得意地说道。

"那你们为什么不偷偷地把食物搬出来？"欧文不明白了。

"他们看守得太严了，我们根本没机会动手。"

"哈哈，我有办法了！"一直没有发言的艾伦军师突然笑了起来。

"什么办法？"几百双眼睛齐刷刷地看向艾伦。

"调虎离山，声东击西；明修栈道，暗度陈仓。"军师的一番话让大伙更糊涂了。

"军师，你的话太深奥了。能说得简单点吗？"欧文也没明白军师的意思。

"我们和蚂蚁合作：我们负责把胡蜂引出城堡，蚂蚁负责搬运食物。"这一次，大伙终于明白了军师的意思。

安利队长补充道："军师，和胡蜂作战太危险了，我调一批最勇敢的士兵帮助你们。"

得到了蚂蚁军团的帮助，艾伦的信心更足了。他立刻着手分配任务："现在我宣布，成立空军部队和陆战部队，分别由欧文和鲁杰担任队长。现在，愿意加入空军部队，前往城堡引诱胡蜂的请举左翅；愿意加入陆战部队，在地面反击作战的请举右翅。"

欧文清点了一下数量，发现自己的空军部队有 125 名士兵，而鲁杰的陆战部队有 225 名士兵。"军师，我们只有 300 只蜜蜂，现在的士兵总数怎么会多了呢？"欧文问道。

军师其实早就发现了这个问题，笑道："这其中肯定有某些士兵愿意承担两项任务。"军师在地面上画了一幅图：

前往城堡引诱
胡蜂的蜜蜂数量

愿意担任
两项任务
的蜜蜂数量

地面反击作战
的蜜蜂数量

欧文感叹道："125 + 225 − 300 = 50（只）。真没想到，有这么多兄弟主动承担两项任务啊。"

【数学小笑话8】

成　绩

　　期中考试之后，数学老师公布成绩，他说："90分以上和80分以上的人数一样多，80分以上和70分以上的人数也一样多。"话刚说完，全班响起了一阵欢呼声。一位同学追问道："那么不及格的人数呢?"老师不急不忙地说："不及格的人数和全班的人数一样多。"

大获全胜

　　欧文带着他的空军部队飞到胡蜂的城堡前，叫道："强盗，还我们的花粉!"

　　胡蜂队长公孙长嚣张地笑道："就你们这些小不点，也想挑战我们?"轻敌的公孙长仅仅派出了一支 50 只胡蜂的小队前来迎战。

"撤!"欧文率领士兵边战边退。这让 50 只胡蜂更是得意忘形,一路追了过来。当欧文的部队全部钻入草丛之后,躲藏在草丛里的陆战部队已拉开一张张网等着胡蜂。

"不好,我们中计了!"当胡蜂们被死死地粘在网上时,一切都晚了。

欧文故意放跑了一只小胡蜂,让他回去通风报信。

"不好了,我们中计了!"小胡蜂向公孙长报告。

公孙长立刻命令胡蜂们倾巢出动。

这时,由安利队长带领的蚂蚁勇士们正躲藏在胡蜂城堡之下的秘密通道里。接到哨兵的信号后,安利队长命令:"咬开树皮,进入城堡!"

当公孙长率领着几百只胡蜂钻进草丛时,他们连蜜蜂的影子也找不到了。"掘地三尺也要把他们找出来!"公孙长气急败坏地叫道。

"报告队长,胡蜂的粮仓安装的是铁皮大门,我们根本咬不动。"一只小蚂蚁前来报告。这时,欧文押着一只小胡蜂也赶来了。

"说,这大门如何才能打开?"

"这是密码门。入门者必须要将门上的六个圆两两一组,组成三种轴对称图形,分别有一条对称轴、有两条对称轴、有无数条对称轴,才可以打开这扇门。"被俘的小胡蜂说道。

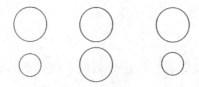

"快点想办法，胡蜂马上就要回来了！"安利急得像待在热锅上一般。

欧文想了想，信心满满地摆出了三个图形：

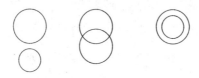

铁门打开了。"哇，这帮强盗竟然抢了这么多粮食。给我搬，一粒也不留给他们！"安利队长下令道。

蚂蚁素有"大力士"之称，每一只都能搬起比自身重几倍的物体。一会儿工夫，装得满满的粮仓就被搬空了。

胡蜂们返回了城堡，看到一粒不剩的粮仓后气得嗡嗡乱叫。而这时，蚂蚁和蜜蜂们正在庆祝他们的胜利。

【数学小笑话9】

聪明的小明

小明参加完小学数学考试，回到家，妈妈问他考得怎么样。小明说："大部分题我都会做，但有一道题是'3乘7'，我怎么也想不出来。最后打铃了，我不管三七二十一就写了个'18'。"

海底世界奇遇记

　　在大海的深处，有一座美丽的珊瑚城，城中央有一座珊瑚塔，塔上有一盏神灯，光芒万丈。珊瑚城是海底的不夜城，是海洋生物们的快乐城。然而有一天，神灯的灯芯被想要称霸海底世界的黑章鱼偷走了。神灯的守护者海娃和海丫怀揣着海神爷爷给的三个锦囊，决定到黑章鱼的老巢拿回灯芯……

灯芯被盗

在大海的深处，有一座美丽的珊瑚城，城中央有一座珊瑚塔，塔上有一盏神灯，光芒万丈。神灯使珊瑚城变成了海底的不夜城，变成了海洋生物们向往的快乐城。

海马当起了出租车司机；海龟成了交警；海豚和海螺组成了乐队，给大伙表演节目；海蟹成了面点大师傅……

这样一座美丽而快乐的珊瑚城，却让外来的黑恶势力心生不满。黑章鱼是这帮坏家伙的头目，他对着自己的黑暗军团叫嚣道：“我要灭了海灯，让珊瑚城成为受我统治的黑暗之城！”

海神为了保护这盏神灯不被盗走，从海蚌中取出一大一小两颗海珠，施以魔法，使两颗海珠变成了一对小兄妹。

海神对着兄妹俩说：“我给你们分别起个名字，哥哥叫海娃，妹妹叫海丫。海娃负责守卫海灯，海丫负责给海灯换灯芯。”

海娃挥舞着拳头，自信地说道：“海神爷爷，你放心。我在，海灯就在！”

狂欢了一天后，珊瑚城的居民们都进入了梦乡。谁也没有发现，在珊瑚塔旁边的沙石中隐藏着一个坏家伙。他看上去一副贼溜溜的样子，正在悄悄地向珊瑚塔移动。

第二天，海丫醒来，她发现存放灯芯的海蚌盒被敲破了，

里面的灯芯全被盗走了。她焦急地来到珊瑚塔顶找到海娃，流着泪说道："海娃哥，出事了，灯芯被盗了，呜……"

海娃安慰道："海丫别哭。我们每天看守着海灯，却疏忽了存放在塔底的灯芯。"

海娃和海丫仔细地勘查了案发现场。海娃指着海底沙面上的8只脚印，断定："这肯定是黑章鱼干的。"

海丫问道："海娃哥，黑章鱼为什么要偷灯芯呢？"

海娃沉思了片刻，说："黑章鱼住在黑暗的海沟里，他最怕光，所以一心想灭了这盏神灯，这样他就能成为海洋的统治者了。"

听到黑章鱼要把海底变成黑暗世界，海丫更伤心了。"都怪我，没能看管好灯芯。"海丫自责道。

海娃捏紧拳头，气愤地说："决不能让黑章鱼得逞，我们现在就去海沟找他。"

正当兄妹俩准备出发时，海神出现了，说："海灯发出的光线是直线，所以无法照射到深深的海沟里，而且黑章鱼在海沟里设计了许多机关，你们一定要当心。"

海丫担心道："灯光照射不到，那海沟里岂不是很黑？我最怕黑了。"

海神拿出一颗夜明珠和三个锦囊，对兄妹俩说："孩子们，勇敢地去吧。这颗夜明珠能给你们带来光明，三个锦囊在危急时刻能帮上你们的忙。"

兄妹俩游到了海沟边，海沟深不见底。他们隐隐约约地听到海沟深处传来黑章鱼狂妄的笑声："哈哈，海灯一灭，我就能成为海洋的统治者了！"

海丫藏在海娃身后，胆怯地说："海娃哥，我怕。"

海娃高举夜明珠，安慰道："别怕，我们有夜明珠。"

海娃高举着夜明珠，和海丫游到了海沟底部。突然，一些石柱拦住了他们的去路。海娃嘲笑道："这黑章鱼只会虚张声势，看我砸烂了这些石柱。"

海丫连忙拦住道："先别动，这些石柱好像组成了一道算式。"

$$74+21-121=141$$

兄妹俩在石柱阵里绕了半天也绕不出去。这时，从黑暗的远处传来黑章鱼得意的笑声："哈哈，移动一根石柱使算式成立，否则休想通过石柱阵！"

海丫想了想，说："只要把数字'7'上的一根柱子移到'21'前面就行了。"

海娃自告奋勇地说："我力气大，我来移。"

$$14+121-121=141$$

海娃刚移完石柱，就听到"轰"的一声，石柱阵全没入了海底。

【挑战自我1】

请移动一根火柴棒，使等式成立。

$14 + 7 = 1$

章鱼洞

兄妹俩闯过石柱阵，海娃大踏步地向海沟深处走去，前往章鱼洞。海丫紧随其后，提醒道："海娃哥，你慢点。这海沟里黑乎乎的，我们可别又中了黑章鱼的机关。"海娃满不在乎地说："不用怕，黑章鱼也就会搞点小把戏。"

海沟里的道路弯弯曲曲，有许多狭窄的通道。其中最窄的地方只能容一个人通过，素有"海底一线天"之称。海娃调侃道："免费畅游'海底一线天'。"海丫看着他，说："这么危险的地方，你还有心思观赏风景。"

突然，两边的石壁开始收拢。海娃用两只手挡住石壁，叫道："海丫，你先过！"海丫迅速通过"一线天"后，海娃用双脚向两边的石壁一蹬，巨大的石壁竟然被蹬回一些，海娃乘机钻出了"一线天"。"砰"的一声，两块巨大的石壁合拢了。海丫目瞪口呆，半天才回过神来，说道："幸亏你力气大，要不然我们准被挤压成肉饼。"

兄妹俩继续向前走去。"这章鱼洞究竟在哪里?"海丫揉了揉腿,抱怨起来。"别气馁,我们一定能找到章鱼洞。"就在这时,一道银光从远处射来。海娃眼疾手快,接住了飞来的银色物体。

"是飞镖。"海丫连忙躲到海娃身后,"海娃哥,我们在明处,黑章鱼在暗处,太危险了!"这时,从远处传来黑章鱼得意的笑声:"我有 8 只脚发射飞镖,你却只有 2 只手,看你如何接!"

海娃扯了几根海带,缠成一根粗绳,在手里舞得出神入化,自信地说道:"黑章鱼,你是缩头乌龟。别说你只有 8 只脚放镖,就是 80 只脚一起放镖,也休想射中我!"黑章鱼放出的飞镖全被海娃手中舞动的海带绳击落了。

经过几个回合的较量,海娃不免有些轻敌。他根本不把黑章鱼放在眼里,经过拐角处也不放慢脚步,一个劲地往前赶。

"海丫,前面就是章鱼洞。"海娃扭头催促海丫快点走。突然,身后一个黑影伸出 8 只腕足,死死地缠住了海娃的身体。

海娃使劲地挣扎着,可怎么也脱不了身。原来章鱼的每只腕足上都长了 300 个左右的吸盘,即使掰开了一只腕足,另一只又会缠住猎物。

黑章鱼得意至极,笑道:"让你尝尝我的厉害!"说完,他将一只腕足伸向海娃的头部。要是海娃的鼻子和嘴巴被缠上,他就无法呼吸,那可就危险了。海娃大叫:"海丫,我被缠住了，快救我!"海丫高举夜明珠，夜明珠发出的光芒令黑章鱼十分难受。黑章鱼连忙用一只腕足挡住自己的眼睛，口中吐出浓浓的墨汁。海水变成了黑色，夜明珠的光再也照射不到黑章鱼了。"哈哈，看你们还有什么招数!"黑章鱼猖狂地笑道。

海丫一急，把夜明珠抛向海娃，提醒道："海娃哥别怕，用夜明珠照黑章鱼的眼睛。"海娃接过夜明珠，朝黑章鱼的眼睛照去。"啊!"黑章鱼终于受不了夜明珠发出的光芒，松开海娃逃窜而去。

黑章鱼逃回了洞中，关上了大门。海娃使劲地砸着大门，叫道："开门，不然我砸烂你的大门!"黑章鱼在门后阴阳怪气地笑道："哈哈，随你的便，小心砸烂了手。"

"咚咚……"海娃使劲地砸着铁门，可铁门纹丝不动。

细心的海丫发现大门上有 7 个洞，小声对海娃说："别浪费力气了，大门肯定安装了机关。"

海丫发现门外的地上有 7 个钢球，每个钢球上还刻了数字。海娃拿起地上的 7 个钢球，问道："这 7 个钢球有什么用?"

这时，黑章鱼在门后说："傻孩子，将 7 个球分别放入 7 个洞中，使每条直线上的数字之和都是 21。"

海丫想了想，自信地说："我有办法了。"

海丫按要求塞入钢球，门自动打开了，黑章鱼却不见了踪影。海娃问道："海丫，你是怎么算的?"海丫解释道："由于

$1+3+5+7+9+11+13=49$，而图中有三条线，每条线上的数字之和都是 21，$21+21+21=63$。由于中间的数字多算了两次，$(63-49)÷2=7$，所以中间的数字一定是 7。然后把剩下的六个数字分成三组，使每组之和都是 14，这样的话再各自加上中间的数字 7，就都等于 21 了。"

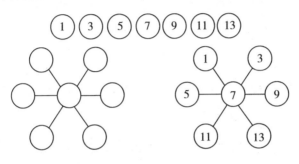

【挑战自我2】

将 1 到 9 这九个数字填入下图，使三角形每条边上四个数的和都等于 19，且有一个顶点的数字为 1。

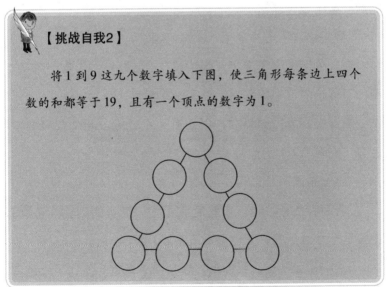

1号锦囊袋

章鱼洞里的道路纵横交错，海娃挠了挠头，说："这么多条道路，我们该走哪条呢？"

"没有地图，很容易被洞中的机关所困。"兄妹俩感到进退两难。

海娃自言自语道："这么复杂的道路，章鱼们为什么不迷路？对，他们身上肯定有地图。"

海丫刚感到有一线希望，可又有了新的疑问："如何才能抓到一条小章鱼呢？"

"要是海神爷爷在这里，该多好啊。"

海娃的话提醒了海丫，她忙说："海娃哥，你身上不是有海神爷爷给的三个锦囊吗？快拿出来看看。"

海娃打开1号锦囊袋，里面有一个牡蛎、两件假章鱼皮，还有一支强力万能胶。

"这些东西有什么用？"海娃问道。

"听海神爷爷说过，章鱼最喜欢吃贝壳类的动物。可这万能胶是干什么用的，我也搞不清楚。"海丫说道。

"哈哈，我知道。我们用牡蛎吸引小章鱼，抓到了小章鱼，地图不就到手了？"海娃笑道。

海娃学着渔夫的样子，把牡蛎系在一根绳的一端，用手拽着另一端。他和海丫躲在暗处，等着章鱼上钩。不一会儿，一只小章鱼游了过来，一口吞下牡蛎。海娃忙拽起绳子，乐道："瞧，我们钓到一只小章鱼。"

海娃从这只小章鱼身上搜出了一张地图。

海丫开心地说道："有了地图，我们就可以绕过洞中的机关了。"

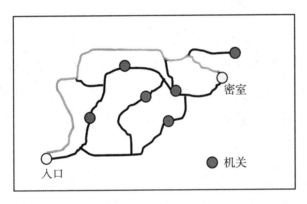

他们用灰线标出了通往密室的安全路线。来到密室，他俩才发现这个密室其实是一艘沉没的大军舰。

"哇，好大一艘军舰！"海丫感叹道。

"等打败了黑章鱼，我们把军舰拖到珊瑚城，我当舰长，你当副舰长。"海娃说道。

小章鱼冷笑道："这艘大军舰早被我们的黑章鱼国王改成了密室，你们休想进入。"

军舰的大门紧闭，门上有一个方格图，方格图旁边写着："密室重地，闲人莫入。进门须知，方格数量。"

"哈哈，这也太简单了，不就是 16 个方格嘛。"说完，海娃填入"16"。突然,军舰里射出许多暗器,幸亏他躲得及时,不然准成了马蜂窝。

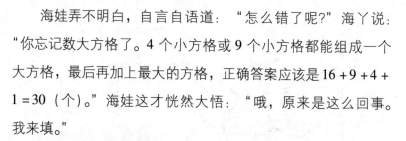

密	室	重	地
闲	人	莫	入
进	门	须	知
方	格	数	量

海娃弄不明白,自言自语道:"怎么错了呢?"海丫说:"你忘记数大方格了。4 个小方格或 9 个小方格都能组成一个大方格,最后再加上最大的方格,正确答案应该是 $16+9+4+1=30$(个)。"海娃这才恍然大悟:"哦,原来是这么回事。我来填。"

大门打开了,军舰里黑乎乎的,什么也看不清。

"我们进去吧。"胆大的海娃刚想进入军舰,就看见刚才被抓的小章鱼吓得直哆嗦。小章鱼哀求道:"放了我吧。没有国王的口令,任何人进入密室,都必死无疑。"

海娃说:"放了你,你还会为非作歹,你最好打消这个念头。"

海丫在海娃的耳边轻声说了几句话,海娃连连点头,拎起小章鱼问道:"放了你也行,不过你得告诉我们一些——"海娃故意拉长语调。小章鱼见有机会重获自由,赶紧说:"我可以告诉你军舰中的一些秘密机关。"

小章鱼为了活命,把自己知道的秘密一股脑儿都说了出来：“军舰分两层，布满了机关，上层有20个大力金刚章鱼把守，下层是黑章鱼存放宝贝的地方。还有口令……”

海丫放走了小章鱼，披上假章鱼皮，笑着说："军舰里这么黑，我们穿上假章鱼皮，估计他们发现不了我们。"

海娃穿上假章鱼皮，学着章鱼的样子游来游去，样子十分滑稽。"海丫，你看我像不像一只大章鱼？"

海丫看着海娃扮章鱼的样子，笑得直不起腰来，说道："像你这样蛙泳，人家一眼就能看出破绽。"

海娃问："那章鱼是如何游泳的？"

海丫解释道："章鱼把水吸入外套膜，通过挤压，再把水排出体外，所以他们是反方向移动的。"

兄妹俩练习了一会儿反向游泳。"怎么样，现在像章鱼了吧？"海娃问道。

"差不多了，我们进去吧。"

兄妹俩慢慢游进军舰。由于不能用夜明珠，所以他俩一边摸索，一边前进。

黑暗处忽然传来一个声音："口令！"

海丫赶忙回道："一只章鱼一张嘴，两只眼睛八条腿；两只章鱼两张嘴，四只眼睛十六条腿……"这口令是从小章鱼那里得知的。

军舰里的章鱼见口令正确，又问道："你们来干什么？"

海娃抢过话，答道："我们是国王任命的舰长和副舰长，特来查看军舰。"

海娃的这句话露出了破绽。原来这黑章鱼任命自己为舰长，所以是不可能任命其他章鱼做舰长的。

"把这两个骗子抓起来！"

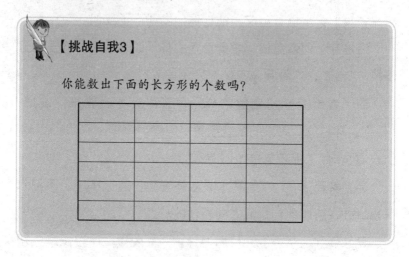

【挑战自我3】

你能数出下面的长方形的个数吗？

粘住章鱼士兵

"哈哈，就凭你们，能抓住我？"海娃根本不把这些小章鱼放在眼里。

章鱼队长冷笑道："布阵！让这个不知天高地厚的小家伙尝尝我们的天罗地网阵。"

只见几十只小章鱼摆出一个正五边形，伸出腕足，围成一张巨大的网。章鱼队长一挥令旗，命令道："收网！"这张网不断缩小。海丫拿出夜明珠，笑道："让你们体验下'光芒万丈'的威力！"章鱼士兵们慌了阵脚，一下子又退了回去。

章鱼队长又命令道："喷!"章鱼士兵喷出浓浓的墨汁，挡住了夜明珠的光线。接着，章鱼队长叫道："转!"只见这张大网迅速地转动起来。

"海娃哥，我快被转晕了。"海丫感到有些眩晕。

"别怕，我们打开一个口子冲出去。"海娃拉着海丫往前冲。

"尝尝我的铁拳!"海娃挥舞着拳头。

海娃一边打，一边问道："海丫，你帮我数数，一共有多少只章鱼士兵。"

海丫回道："正五边形，每边有 5 只章鱼。"

海娃算道："五五二十五只。"

海丫说："不对，应该是 $5 \times 5 - 5 = 20$（只）。因为每个顶点上的章鱼被我们计算了两次。"

海娃小看了这张旋转着的网。他打开了一个口子，可转眼又被章鱼的腕足补上了。

"这得打到什么时候啊!"海娃也渐渐感到有些吃力了。

海丫提醒道："不能硬闯，我们得想个办法。"

海娃看到章鱼士兵靠腕足上的吸盘互相连在一起，想起口袋里的强力万能胶。"哈哈，我有办法了!"他拿出强力万能胶，朝章鱼身上一挤，然后一拳打过去。章鱼疼得大叫，被牢牢地粘在铁板上，动弹不得。

一会儿的工夫，船板上粘满了章鱼士兵，"哎哟"声此起彼伏。

围困兄妹俩的天罗地网阵被海娃打得千疮百孔。"哈哈，就凭这张破网也想罩住我?"海娃笑道。

章鱼队长见自己的天罗地网阵被海娃打破了，恶狠狠地说:"你别得意得太早。过一会儿，我让我们的大王来收拾你!"说完，他一溜烟地游走了。

"我们快去藏宝室把灯芯找回来。"海丫催促道。

兄妹俩搜遍了船舱，但没找到进入藏宝室的通道。

"嘿嘿，你们别白费力气了。入口就在我身后的这面墙上，可没有队长的钥匙和大王的吸盘印，你们进不了藏宝室。"一只被粘在墙上的章鱼士兵说道。

"你们的队长现在在哪里? 告诉我，我就放了你们。"海丫说道。

章鱼士兵你一句我一句，海丫根据他们的话很快就绘出了一张通向队长家的地图:

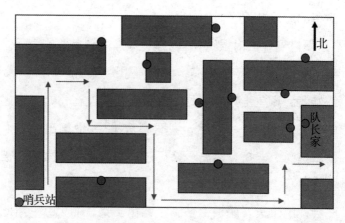

海娃担心地问道："万一你们的队长没回家怎么办？"

章鱼士兵说："不可能。今天他打了败仗，如果被大王知道了，他这个队长就别想当了。他现在肯定躲在家里想对付你们的办法。"

细心的海丫为了防止节外生枝，又穿上了章鱼服，还特意在地图上用灰色的箭头标出一条安全通道。

"又得穿上这身臭皮囊了。"海娃抱怨起来。

海丫说："海娃哥，还是穿上稳妥一些。如果所有的章鱼都来围困我们，我们何时才能完成任务呢？"

海娃和海丫穿着章鱼服，在海沟里反向游着。"海丫，反正这条路线没有哨兵站，我们不如脱了章鱼服，快点游。"

海娃刚想脱下章鱼服，海丫连忙拦住道："别脱，前面来了一支巡逻队。"

兄妹俩慢悠悠地游着。这支巡逻队似乎没有发现他俩的异常，一边前进一边在讨论着问题："你们知道今天大王出的大奖题的结果是多少吗？"

"不知道。"

海娃晃了晃假腕足，说道："什么大奖题？说来听听，也许我知道结果。"

章鱼巡逻兵好奇地打量着他俩，说："你们是新来的吧？大王爱好数学，每天出一道题，答对的章鱼可以得到一大块鲸鱼肉。"

"今天的题目是，"另一只章鱼抢过话说，"如果分给每只章鱼1只龙虾，则多出8只龙虾；如果分给每只章鱼2只龙虾，则少2只龙虾。一共有几只章鱼？"

海娃脱口而出："太简单了，10只。"

章鱼们半信半疑："真的吗？答错的话，我们可要挨皮鞭的。"

海娃解释道："错不了，（8＋2）÷（2－1）＝10（只）。你们快去领奖吧。"

巡逻士兵顾不上盘问他们兄妹俩，一溜烟地全游去领奖了。

"海娃哥，你太冒失了，如果被他们发现了怎么办？"海丫责备道。

海娃笑道："你没发现这群章鱼士兵一说到鲸鱼肉，口水都流下来了吗？他们哪有工夫来盘问我们。"

兄妹俩又向前游了一会儿。"海娃哥，前面就是章鱼队长的家！"海丫兴奋地说道。

海娃笑道："我们别打草惊蛇，来个'瓮中捉章鱼'！"

【挑战自我4】

幼儿园的老师给几组小朋友分苹果，每组分7个，则少3个；每组分6个，则多4个。请问：苹果有几个？小朋友有几组？

大贝壳

　　章鱼队长的家像一只巨大的贝壳，密不透风。兄妹俩围着大贝壳游了一圈也没找到门。"这大贝壳连个缝也没有，难道章鱼有穿墙入室的本事？"海丫纳闷道。

　　海娃握紧拳头，自信地说："管它有没有门，我砸个洞钻进去。"

　　海娃的铁拳如暴风骤雨般砸向大海贝，虽然没砸破它，大海贝却微微地张开了嘴。"哈哈，这大海贝'敬酒不吃吃罚酒'，我钻进去。"

　　"哎哟，我被夹住了！"海娃的一只脚被海贝死死地夹住了。

　　"这肯定是章鱼队长设的机关，我们必须找到破解机关的方法。"海丫在大海贝的身上四处寻找。

　　"找到了，这里有一个算式。"

```
    海  贝  张
    海  贝  张
+   海  贝  张
─────────────
    5   6   7
```

海（　　）贝（　　）张（　　）

"海丫，你快点破解算式，我的腿都快被夹断了！"海娃哭丧着脸催促道。

海丫心想：3个"张"相加，结果的个位是7，那么"张"肯定是9；十位上的3个"贝"相加，再加上进位的2，要使结果的个位是6，所以"贝"肯定是8；"海"肯定为1。海丫分别填上"1""8""7"后，海贝自动张开了嘴。

"这该死的章鱼，等我抓住了他，我肯定饶不了他！"海娃摸着红肿的腿，咬着牙说道。

兄妹俩钻进海贝壳里，里面黑乎乎的。借着夜明珠发出的光，他们看见章鱼队长从角落里窜出来想逃跑。海娃眼疾手快，一把抓住章鱼队长，厉声问道："快说，钥匙藏在哪里？"

章鱼队长哆哆嗦嗦地从一只腕足上解下藏着的钥匙，说道："没有大王的吸盘印，你们休想进入宝库。"

海丫气愤地说道："走，带我们去找黑章鱼。"

章鱼队长带着兄妹俩来到一座火山脚下，指着半山腰，说："我们大王就住在那里。"原来，黑章鱼的老巢建在一座海底火山上，这座火山时常喷发出滚烫的岩浆。

"太热了，这黑章鱼怎么躲藏在这里呢？"海娃很纳闷。

章鱼队长说道："岩洞里更热。你们进去是生的，出来就是熟的了。"

"那你们的黑老大怎么没事？"海丫反问道。

"我们大王有一件宝衣，穿上它，外面再冷再热也不怕。"章鱼队长十分得意。

兄妹俩一时不知如何是好。

海丫灵机一动，指着海娃身上的锦囊袋，说："我们不是还有锦囊袋吗？快打开看看。"

海娃和海丫遇到的一切困难都在海神的预料之中。果然，海神在 2 号锦囊袋里给兄妹俩各准备了一套隔热服。

"哈哈，有了这套衣服，火海我也敢下。"海娃穿上隔热服，高兴地说道。

海娃和海丫游到半山腰，见到一个洞口。"海娃哥，章鱼的洞口在这里。"

海娃急于表现，冲到前面说道："我先进去，你随后。"

刚进入洞中，一股热浪迎面扑来，眼前的景象让兄妹俩惊呆了。在这片大海深处，一条炽热的岩浆河流沸腾着、翻滚着。

"太壮观了！"海丫感叹道。

海娃笑道："别感叹了。等打败了黑章鱼，我们就开发这里的热能，让你天天泡温泉。"

"海娃哥，你发现没有，这里这么热，章鱼士兵们却不怕。这是为什么呢？"海丫不解地问道。

海娃说："我也感到很奇怪，我们抓一只章鱼来问问。"

海娃和海丫躲藏在一个角落里，发现一只章鱼士兵从这里经过。海娃走上前，一把抓住章鱼硬邦邦的腕足。那章鱼士兵受了惊吓，8 只腕足一下子全缠上了海娃。"不好，他们是机器章鱼！"海娃挣扎着。

这肉胳膊哪比得过铁腕足。海娃好似被 8 根铁索死死缠住了，无法动弹。"海丫快跑!"海娃叫道。

这些机器章鱼好像有心灵感应似的，全都聚了过来。海丫也无路可逃，只能束手就擒。

"哈哈，让你们尝尝我的机器章鱼军队的厉害!"只见黑章鱼手拿遥控器，得意地狂笑着，"给我押下去，今晚我要开一个庆功大会!"

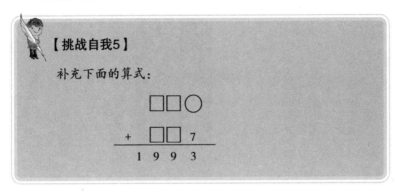

【挑战自我5】

补充下面的算式:

$$\begin{array}{r} \square\square\bigcirc \\ + \quad \square\square 7 \\ \hline 1\ 9\ 9\ 3 \end{array}$$

大战电鳐

"砰!"铁笼的门被关上了。

兄妹俩被关在笼中，笼外传来了章鱼们的嬉笑、劝酒、打闹声。很快，章鱼们都喝醉睡着了。

海娃又用钓章鱼的老办法，抓住了看守的章鱼士兵，逃出了牢笼，顺便用软泥获取了喝得烂醉的黑章鱼的吸盘印。

海娃和海丫返回藏宝室取得灯芯，就在他们快要走出大军舰之时，一个幽灵般的身影从天而降："小偷，哪里逃！"

海娃定睛一看，乐道："这家伙长得太丑了！"

原来这是一只电鳐。听到海娃嘲笑自己长得丑，电鳐怒道："我活吞了你们这两个小不点！"

"慢！"黑章鱼不知从哪儿冒了出来，凑到电鳐耳边轻声说了几句。电鳐咧着嘴，皮笑肉不笑，那张扭曲的脸更丑了："只要你们交出灯芯，我就放你们走。"

"我才不信你的鬼话。"海娃握紧拳头，准备大干一场。

"嘿嘿，你们逃得了吗？"黑章鱼的腕足一挥，四周出现了几十条章鱼，把兄妹俩团团围住。

气氛十分紧张，战斗一触即发。电鳐摆了摆他长长的尾巴，说道："这样吧，我做证，你们签订和平条约如何？"

"只要你们答应今后不做坏事，我们就签。"

海丫和黑章鱼坐下来准备签订和平条约，电鳐笑道："让我们握手言和。"

电鳐没有手，于是伸出那条长长的尾巴。海丫刚触到电鳐的身体，立刻被电中，大叫一声："他身上有电！"说完就昏了过去。

海娃拼了命，杀出一条血路，独自逃了出来。

海娃并不怕黑章鱼。可电鳐全身都是电，海娃纵然全身是力，如果碰不得电鳐的身体，便无法战胜他。

正当海娃不知如何是好时，他想起了身上的 3 号锦囊袋，打开一看，里面只有一张纸条，上面写着：最大的对手是自己。

海娃恍然大悟："对呀，我'以其人之道，还治其人之身'。"他找来一根包有绝缘橡胶的铜丝，把两端的橡胶皮去掉。

"丑八怪出来！"海娃在章鱼洞口大声叫道。

"哈哈，手下败将又来送死了。"电鳗和黑章鱼十分张狂。

"电鳗，快去收拾了这个家伙，我们再去踏平珊瑚城！"黑章鱼命令道。

"电鳗，连大白鲨都怕你三分，如今你怎么听命于黑章鱼了？"海娃故意嘲讽电鳗。

"哈哈，我电鳗独来独往，谁的命令也不听。我帮黑章鱼收拾了你们，珊瑚城今后就归我了。"电鳗说出了其中的缘由。

海娃见时机成熟，说："我们来场决斗。我输了，交出珊瑚城；你输了，交出海丫。"

"一言为定！"电鳗对这场决斗自信满满。

黑章鱼虽然十分不乐意，可也对这个带电的家伙惧怕三分。

决斗开始了。电鳗总想和海娃近身肉搏，这样就能发挥他放电的长处。可海娃却躲得远远的，和他玩起了捉迷藏。

小章鱼们见海娃不敢靠近，在一旁叫道："海娃熊了！海娃熊了！"电鳗也放松了警惕。海娃瞅准时机，迅速把电线的一头牢牢地系在电鳗的尾巴上。电鳗立刻放电，海娃把电线的另一头插进电鳗的身体里。

"让你也尝尝被电的滋味。"海娃笑道。

"啊……"电鳗被自己放的电击中，浑身发麻。

只要电鳗一放电，海娃就用电线去电击电鳗。"饶了我吧！"电鳗连连求饶。

黑章鱼见电鳗投降了，下令章鱼士兵围攻海娃，救出电鳗。这些小章鱼一靠近海娃，海娃就挥舞起电线。被电到的小章鱼像吹了气一般，浮在水中。

电鳗怕电到自己，再也不敢放电了。海娃站在电鳗身上，像一位将军似的冲进章鱼军队中。小章鱼们怕被电着，扔下海丫落荒而逃。

海娃和海丫坐在电鳗身上，海娃手握电线命令道："回珊瑚城！"

"海娃哥，黑章鱼决不会罢休，他肯定还会来攻打珊瑚城。"海丫这时醒了。

海娃说："别怕，我让他们有来无回。……不过，我不知道黑章鱼手下到底有多少士兵。"

电鳗这时变得乖巧了，主动说出了黑章鱼的军事秘密："我告诉你们，你们能放了我吗？"

"行。"

电鳗说出了上次和黑章鱼谈话的内容："上次我和黑章鱼庆功时，黑章鱼喝多了。他说他和士兵排成方队，每行的章鱼数量同样多。他排在队伍里，从左往右数是第 3 只，从右往左数是第 4 只；从前往后数是第 13 只，从后往前数也是第

13 只。"

海娃想了想，说："这么说来，每行应该有 2 + 1 + 3 = 6（只），有 12 + 1 + 12 = 25（行），一共有 6 × 25 = 150（只）章鱼。"

终于，珊瑚城出现在前面不远处。"海丫你看，珊瑚城到了！"海娃激动地叫了起来。

海丫对电鳐说："电鳐，你可不能再和黑章鱼一起干坏事了。只要你能认真悔过，我们珊瑚城欢迎你来做客。"

电鳐连连点头："一定，一定。"

【挑战自我6】

小朋友出操，正好排成一个正方形，每行人数相等。小明发现自己不管是从左往右数、从右往左数，还是从前往后数、从后往前数，都是第5个。你知道有多少小朋友在出操吗？

镇海神剑

珊瑚城是海底最美的地方，五颜六色的珊瑚在海灯的照耀下更是光彩夺目。

"终于回到家了！"激动的眼泪在海丫的眼眶里直打转。

珊瑚城的居民们听说海娃和海丫回来了，奔走相告，纷纷来到城门口迎接。

"祝贺你们取回了灯芯。"海神爷爷对兄妹俩的表现十分满意。

海灯换上了新的灯芯，立刻光芒万丈。大伙都拿出了自家最好的食物，盛情款待这两位珊瑚城的功臣。

蝴蝶鱼跳起了舞蹈；海星兄弟们排成一排，不断变换出各种颜色，就像霓虹灯一样；海葵们更是把海灯广场装扮成了花的海洋。珊瑚城的居民们唱着歌，跳着舞，庆贺他们的胜利。

海娃和海丫骑着大海马，在广场上来回和居民们打招呼，就像凯旋的大将军。

海丫是个爱美、好动的女孩子，她和居民们一边唱歌跳舞，一边喊："海娃哥快来啊，和我们一起跳舞！"海娃看上去却一副心事重重的样子，独自待在一旁。

"你怎么不和他们一起庆贺呢？"海神不知什么时候出现在海娃的身后，抚摸着海娃的头。

"海神爷爷，黑章鱼肯定不会罢休的。如果他带着他的军队来犯……"海娃说出了自己的心事。

海神微笑着点点头，称赞道："海娃，你长大了，今后珊瑚城就要靠你来守护了。"

"我们有神灯保护呢。章鱼们怕光，肯定不敢来犯。"海丫从海神旁边钻了出来，笑着说。

"黑章鱼连炽热的海底熔洞都能想到办法进去，他肯定会想出对付海灯的办法。我们只有彻底消灭他，才能得到安宁。"

海娃攥紧拳头，义正词严地说道。

海神爷爷似乎想起了什么，说道："海底有'两宝'——镇海神灯和镇海神剑。如果我们再得到镇海神剑，就一定能打败黑章鱼。"

"镇海神剑在哪里？我现在就去取。"海娃有些迫不及待了。

"神剑藏在无极洞中，洞口有无数只水母把守。那些水母号称'海洋里的无声杀手'，有剧毒，很危险。"说完，海神叹了口气。

"为了消灭黑章鱼，上刀山、下火海，我都不怕！"海娃铁了心要拿回神剑。

第二天一大早，海娃和珊瑚城的居民们告别："大家等我的好消息吧！"

海丫含着泪说："海娃哥，你一路上要当心。"

几只老海龟听说海娃要去取神剑，主动提出前去帮忙："对付水母，我们海龟有一招。"

无极洞靠近南极，海水冰冷刺骨。海娃坐在海龟的背上晒着太阳。

"海龟爷爷你看，无极洞就在那座最大的冰山底下。"海娃指着远处的冰山叫道。

"坐稳了，我们现在就去取剑。"海龟一个猛子扎进海水里，向冰冷的冰山底下游去。由于终年不见阳光，冰山底下十分黑暗。海娃拿出夜明珠，一边照路，一边寻找着无极洞。

不远处忽然出现了一个个闪光点，渐渐地，越来越多。"当心，那是水母！"经验丰富的老海龟知道，这是水母在夜明珠的照射下反射出来的光。四只大海龟围成一圈，把海娃围在里面。

"哼哼，你想拿神剑，就先尝尝我的毒针！"领头的水母摆动着他漂亮的裙边，刺向海龟和海娃。

海龟们把头缩进了龟壳里，水母的毒刺对坚硬的龟壳起不了任何作用。海龟们出其不意，伸出脑袋狠狠地扯断了水母们的触手。一只只水母失去了平衡，只能上下翻滚。

"海娃，我们到达无极洞了。"海龟安全地把海娃送到了无极洞口。

"好冷啊！"一阵阵寒气从洞口涌出，海娃不由自主地打了个冷战。

海娃独自钻进洞中，摸索着向前游去。

忽然一道耀眼的光芒射来，海娃游过去一看，一柄锋利的宝剑深深地插在冰山上。"镇海神剑！对，就是它！"海娃使出吃奶的劲儿拔剑，可神剑纹丝不动。

海娃用水晶球四处照了照，希望找个东西把神剑撬出来，却无意中在冰壁上发现了一个算式：

$$
\begin{array}{r}
\text{剑 神 海 镇} \\
\times \qquad\qquad 9 \\
\hline
\text{镇 海 神 剑}
\end{array}
$$

镇（　　）海（　　）神（　　）剑（　　）

海娃心想：要是海丫在这里就好了。

海娃虽然冻得直发抖，但他努力使自己静下心来，认真思考：千位上的"剑"×9的结果是一位数，那"剑"只能代表1；个位上的"镇"×9＝1是不可能的，所以"镇"只能代表9；由于百位上的"神"×9不能进位，又不可能也是1，所以只能是0；将"剑""神""镇"代入算式，可推算出"海"代表8。所以，"镇""海""神""剑"四个字分别代表9、8、0、1。

海娃刚填完答案，神剑自动从冰山中冲出，光芒四射。

海娃接过神剑，兴奋地叫道："我终于拿到神剑了！"

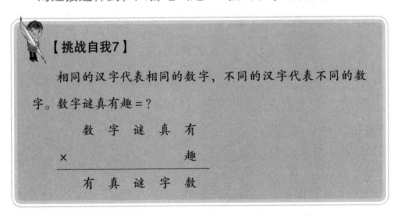

【挑战自我7】

相同的汉字代表相同的数字，不同的汉字代表不同的数字。数字谜真有趣＝？

$$
\begin{array}{r}
数\ 字\ 谜\ 真\ 有\\
\times\qquad\qquad\quad 趣\\
\hline
有\ 真\ 谜\ 字\ 数
\end{array}
$$

神剑秘籍

海娃回到珊瑚城，拿着镇海神剑在海神爷爷面前乱舞一通。海神爷爷摇了摇头，说："海娃，你虽然拿到了神剑，但还得练习使用它。"

海娃连忙说："海神爷爷，那你就教我如何用剑吧。"

海神笑道："爷爷老了，舞不起来了。"

海娃感到很为难："这可怎么办呢？"

海神说："我年轻时写了一本关于神剑的秘籍，将它藏在了精灵洞中，由两个小精灵帮我看守。"

"我们现在就去拿。"海娃一刻也等不了了。

海神带着海娃来到了精灵洞前，说："海娃，爷爷的腿脚不灵活了，就不陪你进去了。你记住，在岔路口见到雪莲花便往左走，见到灵芝便往右走。"说完，海神拿出一盒蛋糕，说："这两个精灵脾气古怪，不过他们最喜欢吃我做的蛋糕。你进去后把蛋糕平均分给他俩。"

海娃一手拿着蛋糕，一手举着夜明珠，独自向精灵洞内走去。刚入洞口，道路很窄，越往里走越开阔，海娃很快就走到了洞内的一个大厅里。他发现一个全身洁白的精灵和一个全身是棕色的精灵，正坐在一个大箱子上玩石头、剪刀、布。

"石头、剪刀、布！哈哈，你输了，围着箱子爬。"两个精灵玩得十分开心，并没有发现海娃。

原来，全身洁白的精灵是雪莲精灵，棕色的精灵是灵芝精灵。

"你们好！"海娃友好地和两个精灵打招呼。

两个精灵这才发现有陌生人进入，立刻拔出宝剑，厉声问道："你是谁？来这里干什么？"

灵芝精灵发现海娃的腰上挂着镇海神剑，二话不说，挥起剑就和海娃打了起来，边打边说："镇海神剑是从哪里得来的？你是不是来偷神剑秘籍？"

一对二，海娃处于下风，他连忙解释道："我是海神爷爷派来取神剑秘籍的。看，我还带来了你们最爱吃的蛋糕。"

两个精灵听说有蛋糕，立刻停了下来，抱起蛋糕。

"快打开看看。"

"没错，是海神爷爷的时间蛋糕。"

两个精灵刚才还一致对外，一看见蛋糕便争了起来："我多分一些。""不行，我得多分一些。"

海娃想早些拿到秘籍，连忙说道："海神爷爷说了，由我帮你们俩平分。"

雪莲精灵说："行。不过蛋糕上的数字也得平均分，我们各自分得6个，而且6个数字加起来的和也得一样。"灵芝精灵说："好，你帮我们分吧。分公平了，我们就把秘籍给你；不公平的话，你就别想拿到秘籍。"

海娃没想到，分蛋糕还得分上面的数字。他仔细地观察这个像钟面一样的蛋糕，用手比画了几次后，说："一言为定！"然后拿起手中的镇海神剑，一剑切下去，把蛋糕平均分成了两份，说："你们俩分得的蛋糕一样多，而且两份蛋糕上的数字之和也相等。"两个精灵一看，果然如此，就把神剑的秘籍给了海娃。海娃拿到秘籍后迅速返回。

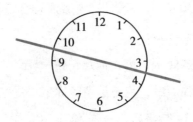

"海神爷爷，我拿到秘籍了！"海娃远远地就叫喊起来。

"海神爷爷，我们抓紧时间练习吧。"海娃打开秘籍一看，顿时吓出一身冷汗，"怎么没有字？我找两个精灵算账去！"

海神爷爷拦住他，说："你别冲动。为了防止秘籍被盗，我特意做成无字书。要想看到上面的字，你必须戴上蓝眼镜。"

海娃仰着头看着蓝天，说："要是能剪一块蓝天，用来做眼镜就好了。"

海神爷爷笑道："这蓝眼镜需要用精灵的眼泪才能做成。"

海娃说："那我现在就去找精灵要眼泪。"

"你怎么要？把他们打哭？"海神反问道。

海娃想到自己不一定打得过两个精灵，急得直挠头："这可怎么办呢？"

海神像变魔术似的拿出几个洋葱，笑着说："不用打，他们自己会流眼泪。"

当海娃再次进洞找精灵时，发现进入大厅的门已关闭了。"开门！"海娃叫道。

"我们知道你为什么而来，是不会为你开门的。"精灵在门内答道。

机灵的海娃笑着说："海神爷爷知道你们爱吃蛋糕，让我来教你们如何做蛋糕。"

雪莲精灵经不住蛋糕的诱惑，想打开大门，可被灵芝精灵拦住了。灵芝精灵对海娃说："你看，门上有一行字。"

海娃念道："你如果能把左右两边的 6 个铁钉变成 7 个，门就会自动打开。"

海娃想了想，很快就找到了答案：

门自动打开了。

海娃没有食言，教精灵做起了蛋糕。两个精灵认真地学习，记录着做蛋糕的每个步骤。

"这是什么？"精灵没见过洋葱。

"这是最新的水果。蛋糕快做好了，你帮忙把水果切一切。"海娃吩咐道。

两个精灵切着切着，不由自主地掉下了眼泪。眼泪掉在地上，变成了一片片蓝色的镜片。"我怎么落泪了？"精灵也搞不清自己为什么会掉眼泪。

海娃一边收集地上的蓝镜片，一边笑道："你们可能太激动了，激动的时候会落泪的。"

"蛋糕做成了，你们慢慢品尝吧。"海娃托着蛋糕，送到精灵面前。

两个精灵又争吵起来。这次海娃却悄悄地退出了精灵洞，因为他此行的目的已经达到了。

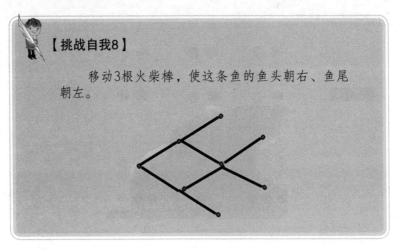

【挑战自我8】

移动3根火柴棒，使这条鱼的鱼头朝右、鱼尾朝左。

和平协议

海娃按秘籍勤奋练习，很快就掌握了最高一级"战无不胜"的剑法。

"海神爷爷，有了神剑，再多的章鱼我都能消灭他们。"海娃得意地说道。

海神爷爷抚摸着海娃的头，说："神剑不是用来杀戮的。黑章鱼作乱，你只要制服了他，其他章鱼就会乖乖听话了。"

　　"不能滥杀无辜，那如何对付章鱼士兵呢?"海娃为难了，他立刻召集珊瑚城的警卫们开会，商讨对策。

　　海丫第一个发言:"根据侦察，我发现章鱼士兵有两个弱点，第一是怕光，第二是遇到危险喜欢躲进瓶子里或桶里。"

　　海象大队长说:"这么说来，只要他们钻进瓶子里，我们就能活捉他们。"

　　海豚说:"如果他们不钻进瓶子里，你总不能硬把他们塞进去吧。"

　　海丫自信地说:"这个问题我早就想好了。等章鱼士兵来了，我就给海灯增加一根灯芯，提高亮度。章鱼们肯定受不了，就会钻进瓶中避光。到时，我们把瓶口封上。章鱼士兵再厉害，在小瓶子里也使不出力气。"

　　海娃有些担心:"据侦察员来报，黑章鱼最近弄沉了一艘商船，缴获了大量墨镜。章鱼戴上墨镜就不再怕光了。"

　　"这个我也知道，我已想出了办法。"海丫拿出一块磁石，笑道，"我已知道他们戴的墨镜的镜框是铁做的，有了这块磁石……"

　　海象大队长问道:"我们需要准备多少个瓶子呢?"

　　海娃想了想说:"准备150个瓶子就够了!"

　　大伙听海娃一说，战胜章鱼士兵的信心倍增，分头准备去了。

　　夜已经深了，海娃经过海丫的海螺房，见房间里的灯仍然亮着。他走进去一看，发现海丫正在捣鼓一台录音机和一台遥控发射器。海娃好奇地问道："海丫，你捣鼓什么呢？"

海丫故作神秘："明天你就知道了。"

第二天，果不其然，哨兵前来报告："前方发现上百只章鱼士兵正朝珊瑚城游来。"

海娃手持神剑，命令道："清点敌兵数量，摆阵迎敌！"

哨兵："他们摆的是一个空心方阵，里外共 3 层，最外层每边 15 只，每往里一层每边少 2 只。"

海娃心算了一下，说道："这次他们一共出动了 $14 \times 4 + 12 \times 4 + 10 \times 4 = 144$（只），加上黑章鱼一共 145 只。"

"冲啊！"上百只章鱼士兵犹如一片乌云向珊瑚城压来。

海丫点燃了两根灯芯，神灯发出耀眼的光芒。黑章鱼躲藏在一只巨大的铁章鱼身体里大叫："戴墨镜！"

海娃笑道："我让你们摘了墨镜，看看这光明的世界。"话刚说完，上百名珊瑚城的警察冲了上去，他们一只手举着磁石，另一只手抱着一个大瓶子。

章鱼没有耳朵，墨镜在脸上挂不住，全被磁石吸走了。"啊，我的眼睛！"章鱼士兵捂着眼睛到处乱窜，只要看见瓶子就往里钻。

"塞上瓶口！"上百只章鱼士兵瞬间便成了瓶中之囚。

"黑章鱼，你还有什么本事就使出来！"

"嘿嘿，让你们尝尝我钢铁兵团的厉害！"

突然，十几只机器章鱼不知从哪冒了出来，黑章鱼用手中的无线遥控器向机器章鱼发出进攻的命令。

正当大伙不知如何应对时，耳边传来优美的《天鹅湖》音乐。"你们退下，让我来！"海丫走上前，一手拿着录音机，一手拿着无线电波发射器。没想到，这些机器章鱼突然停止了进攻，随着音乐跳起了天鹅舞。

"快给我进攻！"看到这个情形，黑章鱼气急败坏地叫道。

"海丫，你是怎么办到的？"

"我用强大的电波干扰了黑章鱼发射的电波，然后把进攻的命令更改为跳舞的命令。"海丫得意地说道。

"黑章鱼，你还不投降！"

"我自己就能把你们全打败！"黑章鱼坐在一只巨大的铁章鱼体内。这只铁章鱼力大无穷，腕足轻轻一挥，就能推倒一座房子。

海娃拔出神剑，冲了上去。随着 8 声巨大的声响，铁章鱼的 8 只腕足被砍断了，只剩下一个圆滚滚的身体。海娃从外面把铁章鱼身上的门全封死了。

"放我出去！"黑章鱼大叫。

"哈哈，你就待在这铁盒子里吧。"

经过感化和教育，章鱼们同意与珊瑚城签订和平条约。章鱼们迁往了海沟的最深处，珊瑚城又成了欢乐之城。海娃和海丫时刻守卫着海灯，守卫着他们的家园。

【挑战自我9】

一个长方形，如果宽不变，长增加6米，那么它的面积增加54平方米；如果长不变，宽减少3米，那么它的面积减少48平方米。这个长方形原来的面积是多少平方米？

阿凡提智斗记

　　在新疆有一个非常富有的地主，他叫巴依。巴依为富不仁，十分吝啬，想尽一切办法剥削当地的老百姓。作为正义与智慧化身的阿凡提，为了保护老百姓的利益，与巴依展开了一次次交锋……

智过孔雀桥

在新疆，有一条大河叫孔雀河。河上的桥断了，一向吝啬的巴依老爷出钱建了新桥。当村民们欢欢喜喜地过桥时，巴依却拦住了他们："这座新桥是我出钱建的，所以你们过桥得交5个铜钱。"

村民们和巴依争辩起来："过桥还要收钱？没听说过还有这样的事。"

村民们看着自己辛辛苦苦挣来的钱都进了巴依的腰包，心里十分气愤："我们得想个办法来惩治一下这个贪婪的巴依。"

这时，一个老者建议道："我们找阿凡提来帮忙吧。"村民们纷纷赞同："对，阿凡提聪明过人，肯定能想出好办法。"

阿凡提跟随村民来到孔雀桥边，他发现巴依在大桥的中间设了一个观察哨。因为这座桥比较长，任何一个人通过大桥至少需要7分钟，所以巴依每隔5分钟走出观察哨巡视一次。巴依如果发现有人在过桥，就立马上前收费。

"这巴依可真是精明啊！"村民无奈地摇摇头。阿凡提却笑着说："我已找到了不付钱就能过桥的办法。"

阿凡提把自己的办法一说，村民们立刻竖起了大拇指，称赞道："妙，真妙！"

在随后的几天时间里，大伙按阿凡提的办法过桥，再也没有花一分钱，就顺利地通过了大桥。

巴依纳闷了："村民们怎么都不过桥了呢?"

原来阿凡提利用巴依每隔 5 分钟巡视一次的规律，想出了过桥的办法：过桥人只要趁巴依第一次巡视后刚刚回到观察哨时，便迅速过桥。等巴依第二次巡视时，过桥人已到达了观察哨的另一侧，这时迅速转过身往回走。巴依自然要向过桥人要钱，过桥人不肯出钱，巴依肯定会阻止他，责令他返回。这正是过桥人所希望的，他便装着无可奈何的样子，再次转过身往回走。这样，过桥人便能顺利地通过大桥。

后来，巴依收不到过桥费，只好把观察哨拆除了。

【数学谜语1】

泰山中无人无水（打一数字）

巧惩巴依

一天，阿凡提骑着他的小毛驴经过一片果园，发现一个小伙子愁眉苦脸地蹲在树下。

"小伙子，遇到什么难事了吗? 说出来，我也许能帮你。"阿凡提问道。

小伙子回道："我叫买买提，出来打工挣钱给妈妈抓药。

巴依老爷给了我 1000 个银币，让我买桃树苗，并把它们栽成 5 行，每行 4 棵。剩下的钱就当作工钱给我。"

"这是好事啊，你干吗不买呢？"阿凡提反问道。

买买提支支吾吾地说道："可……可是，巴依老爷之前告诉我买一棵桃树苗要 40 个银币。可我一打听，现在买一棵桃树苗要 50 个银币，20 棵就要 1000 个银币。这样的话，买完树苗，我就一分钱也不剩了。"

阿凡提明白了，巴依想占买买提的便宜，让他白白给自己干活。"买买提，我有办法让你挣到工钱。"说完，阿凡提带着买买提来到苗木市场，买了 10 棵桃树苗，花了 500 个银币，然后将剩下的 500 个银币递给买买提，说："把这些钱拿去给你妈妈抓药。"

"这……这 10 棵树，如何栽成 5 行，每行 4 棵呢？"买买提很纳闷。

阿凡提在地上画了一幅图，说："你数数看，这不是有 5 行，每行有 4 棵树吗？"

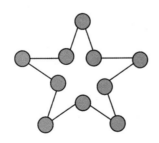

"巴依老爷，我栽好树了。"买买提栽完树，向巴依交差。

巴依围着果园转了转，感觉少了许多棵树，于是问道："买买提，我让你栽5行，每行4棵，但是这里怎么只有10棵树苗呢？"

"没错呀！你看，这个五角形里有5行，而且每行有4棵。这不正是按你的要求栽的吗？"买买提理直气壮地说道。

"这……这……"巴依哑口无言了。

【数学谜语2】

剃头（打一数学名词）

阿凡提劫富济贫

阿凡提见巴依富得流油，村民们却穷得叮当响，于是他决定劫富济贫。

阿凡提对村民说："把你们的土地转让给我，我和巴依做一次买卖。"

第二天清晨，阿凡提骑着他的小毛驴来到巴依的家门口，看到巴依家的墙上贴着告示：常年收购土地，每平方米6个银币。

"这贪婪的家伙，现在市场上每平方米土地都卖到8个银币了。"阿凡提在心里暗暗骂道。

"尊敬的巴依老爷，我想向您借 1000 个银币。"阿凡提跳下毛驴，跟巴依打起招呼。

"哈哈，阿凡提，你见过能从铁公鸡身上拔下羽毛的吗?"巴依不但不借钱，还挖苦了阿凡提一番。

阿凡提装作急需用钱的样子，说："那我有一块土地，不知道巴依老爷买不买?"

巴依一听说有土地，就两眼放光，说道："买，当然买了!"

阿凡提见巴依上钩了，便拿出一张纸，上面写着：阿凡提有一块正方形的土地，东西长 1000 米，南北长 1000 米，现以 500 万银币的价格出售。

巴依暗自盘算：100 万平方米的土地卖 500 万银币，每平方米才 5 个银币。如果自己以每平方米 8 个银币的价格卖出，就可以赚 300 万银币，这生意太划算了。巴依担心阿凡提反悔，随即找了公证人，和阿凡提签了合同、付了款。

当巴依跟阿凡提来到土地上时，他顿时傻了眼，大呼上当，可又找不出反悔的理由。

这是怎么回事呢? 原来阿凡提的土地是这样的：

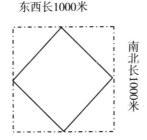

东西长1000米

南北长1000米

　　这块 50 万平方米的土地，按市场价只能卖 400 万银币，而阿凡提却以 500 万银币的价格卖给了巴依，相当于每平方米 10 个银币。阿凡提拿着钱对村民们说："这 500 万银币是你们的钱。你们可以用这些钱买地，也可以改善生活。"

　　村民们开心极了："太感谢你了，你帮我们整整赚了巴依 100 万银币。"

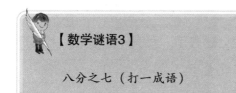

【数学谜语3】

八分之七（打一成语）

讨工钱

　　巴依亏了 100 万银币，都快破产了。临近年关，巴依要给家里干活的几十位长工付工钱了，这可把他愁坏了："几十位长工一年的工钱可不是小数目啊，我得想个办法赖掉。"

　　绞尽脑汁的巴依终于想出了一个办法。一天中午，他把长工们叫来，说道："只要你们能讲出我从没听说过的谎言，我就付给你们双倍工钱。如果你们讲不出，工钱就不发了。"

　　这可把这帮长工愁坏了，他们围坐在一起商讨对策。其中一位年轻的长工说道："我说公鸡生了个蛋。"另一个年长的长工摇摇头说："不行。如果巴依说听过了，而且说你讲的是真话，那就不发给我们工钱了。"

大家一筹莫展，只能去求助阿凡提："阿凡提，你得想想办法，帮我们讨回工钱啊。"

阿凡提听了事情的经过后，自信地对大伙说："我有办法。"

阿凡提以巴依爸爸的口吻给每位长工写了一张借条，然后对他们说："你们拿着这张借条去找巴依，他肯定会付给你们双倍工钱的。"

长工们听了阿凡提的建议，每人拿了一张借条找到了巴依，说道："巴依老爷，我记起来了，我有一张借条，上面写着你爸爸借了我爸爸 10000 个金币。"

巴依急了："胡说，我从来没听过此事，这一定是谎话！"巴依刚说完就后悔了：因为如果承认长工们讲的是谎话，他就得付双倍工钱；如果承认长工们讲的是真话，他就得还给每个长工 10000 个金币。比较之下，最后，巴依只能承认长工们的话是谎话，给他们付了双倍工钱。

巴依叹了口气："唉，聪明反被聪明误啊！"

【数学谜语4】

考试作弊（打一数学名词）

九死一生

阿凡提帮助百姓和巴依作对，巴依对阿凡提恨之入骨，恨不得把阿凡提杀了。一天晚上，巴依趁着阿凡提睡着了，悄悄地把他的毛驴牵到自家种植人参的地里。

第二天，当地的村民慌慌张张地跑来找阿凡提："阿凡提，大事不好了，你的毛驴把巴依老爷家的人参吃了。"阿凡提心想：昨天自己睡觉前，明明已经拴好了毛驴，毛驴怎么可能会跑到几里外的田里去呢？这中间肯定有诈。

这时，巴依带着衙门里的捕头来了。巴依得意地说道："阿凡提，你就等着坐牢吧！"

巴依给县太爷送了许多金子，希望判阿凡提死罪。

"阿凡提，你的毛驴吃了巴依家的人参，你可有钱赔?"县太爷问道。

阿凡提答道："我最值钱的东西就是那头毛驴了。"

"没钱赔，那就用你的命来赔！"巴依拿出一个盒子，说道，"这盒子里有十张小纸条，其中九张纸上写着'死'，一张纸上写着'生'。是生是死，就看你的运气了。"

"九死一生！"围观的百姓都为阿凡提捏了一把汗。

阿凡提知道巴依恨死了自己，肯定不会给自己活命的机会，这十张纸上肯定都没有写"生"字。于是他摸了一张纸条，捏在手上，装出一副十分害怕的样子，说道："县太爷，我实在没有勇气看我抽的是'生'还是'死'。"说完，他就把手中的纸条吃了。

巴依叫道："你怎么把纸条吃了？"

阿凡提不慌不忙地说："你把剩下的九张纸条打开看，如果没有'生'字，那被我吃掉的这张上面写的就是'生'字了。"

巴依千算万算，却没想到被阿凡提一眼识破了。在大伙的强烈要求下，巴依只能打开另外的九张纸条，结果上面全写着"死"字。

大伙开心极了，笑道："阿凡提，你的手气太好了，唯一的一张'生'字被你抽到了。"

【数学谜语5】

有了它就卖，没有它就买。（打一数字）

彻底破产

阿凡提差点被巴依害死，当地的百姓劝他："阿凡提，你赶紧走吧，巴依老爷不会放过你的。"

阿凡提心想：如果我走了，当地的百姓又要受巴依的盘剥了。只有让这个贪婪的巴依破产，才能解救当地的百姓。

一天中午，阿凡提来到巴依家，说："尊敬的巴依老爷，我的毛驴偷吃了你家的人参，我感到十分抱歉。我想给你打工，以此来偿还毛驴给你带来的损失。你损失了多少钱？"

巴依狮子大开口，说道："那一整块地的人参，足足值100万银币。"

阿凡提随即拿出一张纸，写道：阿凡提的毛驴偷吃了巴依老爷家的人参，折算后合 100 万银币。现在，阿凡提愿意给巴依老爷打工，用工钱偿还损失。工钱的计算方法是：第 1 天 1 个银币，第 2 天 2 个银币，第 3 天 4 个银币……往后的工钱依次乘以 2。

巴依看到阿凡提亲笔写的合同后，惊喜万分，心想：按合同计算，阿凡提就算干到死，也偿还不清这 100 万银币。

巴依生怕阿凡提反悔，立刻请了县太爷、当地的百姓做公证人。公证人当场签了名字，宣布合同生效。

阿凡提这样做，让当地的百姓百思不得其解。

巴依有了阿凡提这个免费的长工，当天就解雇了家里其他的几个长工，所有的活儿都让阿凡提一个人干。阿凡提也没有反对，每天从早忙到晚。

不知不觉中，一个月过去了。阿凡提把所有的公证人都请来了，说道："今天，我就和巴依老爷算算账吧。"

巴依笑道："算就算！"

不算不知道，一算吓一跳。当巴依算到第 30 天时，顿时瘫在地上，自言自语道："不可能，不可能，怎么会有 1073741823 个银币？"

巴依彻底破产了。阿凡提把巴依的财富分给了当地的百姓，然后骑着他的毛驴走了。

【数学谜语6】

你盼着我，我盼着你。（打一数学名词）

八戒经商奇遇记

"什么？八戒辞职了？"

"对，八戒下海经商了，他开了一家酒店。"

"这个好吃懒做的家伙当老板了？就凭他肚里那点墨水，能把酒店开好吗？可别赔了⋯⋯"

天蓬大酒店

八戒从智慧山回来后便辞去了净坛使者的工作，经过一段时间的市场调研，他决定开一家酒店。

可八戒身无分文，如何开店呢？八戒心想："孙悟空猴精猴精的，肯定不会借钱给我，师父和沙师弟又都没钱可借。于是他想到了白龙马。"

他自言自语道："小白龙住在龙宫，家里富得流油。我向他借钱，肯定行。再说，我老猪还是他的二师兄呢。"

八戒来到龙宫，小白龙客气地问道："二师兄，今天怎么有空到我这里来串门？"

八戒摆出一副可怜兮兮的样子，说道："唉，甭提了。现在信佛的人少了，供品也不够我老猪吃了，所以我辞职不干了。我今天来就是想向四弟借八九万块钱，准备做点小买卖。"

八戒狮子大开口，一张嘴就要借这么多钱。小白龙碍于情面，借给了八戒 10008 元。

八戒在南天门外租了间最好的门面，想请玉帝给自己的酒店题个字。于是他来到灵霄宝殿，一张口就诉苦："玉帝，虽然我当年犯了点小错，可你也不应该让我投成猪胎啊。你瞧，就我这长相，至少也是'八级伤残'……"

玉帝受不了八戒的唠叨，问道："八戒，你别拐弯抹角了，找我有何事？我尽量满足你的要求。"

八戒乐道："其实也没什么大事，就是想请你给我的酒店题个字。"

玉帝想到八戒当年在天庭是天蓬大元帅，于是给八戒的酒店起了一个响亮的名字：天蓬大酒店。

开业第一天，各路神仙听说八戒在南天门外开了家酒店，纷纷跑来捧场。酒店的生意异常火爆，八戒乐得合不拢嘴。

晚上，八戒躺在床上想：我平均一天赚 88 元，一年 365 天就能赚 $88 \times 365 = 32120$（元）。何年何月我老猪才能成为百万富翁啊？于是，八戒动起了歪脑筋。

第二天，八戒便把 1 升的啤酒杯换成了 750 毫升的杯子，每杯啤酒的售价却不变。八戒心里暗暗得意：一杯啤酒节省 $1000 - 750 = 250$（毫升），如果一天售出 80 杯，就能节省 $250 \times 80 = 20000$（毫升）$= 20$（升）的啤酒。

可是，时间不长，八戒在酒杯上做的小动作被顾客发现了。众神仙都骂八戒开了家黑店，酒店的生意从此一落千丈。

【数学小笑话1】

作文成绩

语文作文课上，老师布置了一篇 500 字的作文。下课铃响了，一名学生发现自己只写了 250 字，灵机一动，在文章最后一行写了"上述内容 ×2"。

几天后，作文本发下来了。这名学生发现，在成绩一栏赫然写着"$80 \div 2$"。

优惠大酬宾

八戒的愚蠢做法致使酒店很少有顾客光顾，门庭冷落，生意萧条，八戒为此十分后悔。他左思右想，终于想出了一条妙计，在酒店门口贴出了一张告示：

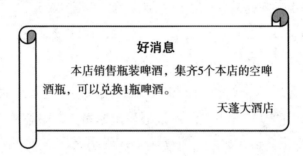

好消息

本店销售瓶装啤酒，集齐5个本店的空啤酒瓶，可以兑换1瓶啤酒。

天蓬大酒店

八戒的这一招还真管用，天蓬大酒店又恢复了门庭若市的景象，八戒心里简直美死了。

一天，东海、南海、西海、北海的四大龙王来到酒店，点了一大桌子菜，东海龙王对八戒说："给我们上 40 瓶啤酒。"八戒搬来了 4 箱啤酒，笑道："每箱 12 瓶，4 箱共 48 瓶。按我们店的规定，5 个空瓶换 1 瓶啤酒，你们这 40 个啤酒瓶一共能换 $40 \div 5 = 8$（瓶）啤酒。"

四大龙王边吃边聊，48 瓶啤酒很快全下了肚。东海龙王摇摇摆摆地走到收银台，一拍桌子，对着八戒嚷道："八戒，你还欠我们啤酒！"

八戒一愣，说道："40 个空瓶兑换的 8 瓶啤酒我都给你们了呀,我怎么还欠你们啤酒?"

东海龙王说道:"兑换的 8 瓶啤酒喝完了,不是又有了 8 个空瓶吗?"

八戒连忙赔上笑脸,说:"看我都忙糊涂了。8 个空瓶,可用其中的 5 个空瓶兑换一瓶啤酒。"

东海龙王当场把兑换的啤酒喝了。

这时南海龙王走过来,说道:"不对,我们还能再喝一瓶啤酒。"

八戒指着告示说:"5 个空瓶才能兑换一瓶啤酒。现在你们只有 4 个空瓶,不够兑换了。"

这时,店里的顾客全都看着南海龙王,以为他喝多了。南海龙王随手从邻桌拿了一个空瓶,说:"现在有 5 个空瓶了,你换不换?"

"换,换!"八戒可得罪不起任何一个顾客。

"你为什么拿我们的啤酒瓶?"邻桌的顾客指责道。

南海龙王当场喝完了啤酒,并把手中的空瓶还给了邻桌,笑道:"有借有还,再借不难。"

【数学小笑话2】

只有一半

初一晚上,爸爸问儿子:"你说,月亮的直径有多大?"儿子答道:"1738 公里。""不对。"爸爸纠正道,"我给你讲过,是 3476 公里。""但是……"儿子辩解道,"爸爸你忘了,今天的月亮只有一半呀!"

吃饭有奖

虽说八戒搞的"优惠大酬宾"吸引了不少客人的光顾，可一段时间下来，八戒发现自己不仅没有赚到钱，还赔进去不少。

"这赔本赚吆喝的买卖，我老猪可不能干！"可是八戒实在想不出什么好点子，于是他又贴出了一个告示：

> **告　示**
>
> 因本店经营需要，出1000元买一个金点子，即如何在不违背商业道德的基础上，提高本酒店的利润。
>
> 天蓬大酒店

告示一出，许多人前来向八戒献点子。可那些点子要么赚不到钱，要么有欺诈顾客的嫌疑，八戒一个也没采用。

一天，文曲星拿了一个大转盘来到酒店。他把大转盘往酒店门口一摆，大声吆喝道："本酒店推出'吃饭有奖'活动，凡是前来就餐者皆可参与，中奖者可免去饭钱。"

八戒正在办公室里为酒店如何赢利伤脑筋，突然听到门口

有人喊着"免费吃饭"，吓了一跳，连忙跑出来看个究竟。

"文曲星，你想让我老猪破产吗？"八戒质问道。

文曲星笑道："你不是出 1000 元买点子吗？我这可是货真价实的金点子。"说完，他拉着八戒来到办公室，解释游戏中的秘密。

文曲星说："这个转盘上有 10 个数字，每个顾客转 3 次，只要转出的数字比 990 大，就能免费吃饭。"

八戒担心道："万一大多数顾客转出的数都比 990 大，那我的酒店就亏大了。"

文曲星笑道："八戒你放心，比 990 大的只有 991～999 这 9 个数，转出来的可能性非常低。"

"这 9 种情况的奖品是免去饭钱，可能性还低吗？"

"可是从 000 到 999，一共有 1000 种情况，也就相当于 100 个人中才有 1 个人有可能得到免费用餐的机会。"

八戒一盘算，感觉这买卖值，笑道："行，就按你的法子来。"

自从八戒的天蓬大酒店搞了这个活动后，酒店的生意异常火爆。大伙虽然都知道中奖的可能性非常小，但都想来试试手气。

文曲星的点子帮八戒赚了许多钱。八戒信守诺言，不仅给了文曲星 1000 元奖金，还聘请他为酒店的名誉顾问，让他享受吃饭免费的待遇。

【数学小笑话3】

问 答

老师："我给同学们出两个问题，只要你回答出第一个问题，就不需要回答第二个问题了。现在我问第一个问题，谁知道自己有多少根头发？"

小丽："我知道，我有99999根头发。"

老师："你是怎么知道的？"

小丽："老师，这是第二个问题了，你不能要求我回答了。"

生日宴会

八戒的生意越做越大，酒店也越开越大，不仅承接十几人的小酒宴，还承接几百人的大酒宴。这不，连托塔李天王的生日宴会也决定设在八戒的天蓬大酒店，这可把八戒乐坏了。

一天，托塔李天王给八戒带来口信，要预订800人的酒宴，要求八戒准备800份不同的菜单，每份菜单包括一荤、一素、一汤。

"800份不同的菜单！"八戒惊叫起来。

李天王的要求让八戒左右为难：接吧，自己上哪找这么多种菜；不接吧，损失了这么一大单生意，自己心里有所不甘。

八戒一咬牙、一跺脚："接！就算跑断腿，我也要凑齐菜单！"

离生日宴会的日子越来越近了，可八戒还没凑齐菜单，急得他食不甘味、夜不能寐。他实在想不出办法了，于是来到文曲星家，哀求道："星君，你一定要救救我老猪。"

文曲星问道："出了什么事？"

八戒把李天王办生日宴会的要求讲给文曲星听，文曲星听完后笑道："这有何难？你回去准备 20 种荤菜、20 种素菜、20 种汤即可。"

八戒充满疑惑地问道："只有这几种菜，我们能做出 800 份不同的菜单吗？"

文曲星笑了笑，画了一个图：

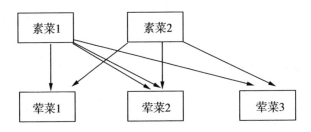

你看，这里有 2 种素菜、3 种荤菜，就可以配出 $2 \times 3 = 6$（种）不同的菜单。所以，20 种荤菜、20 种素菜、20 种汤，就能配出 $20 \times 20 \times 20 = 800$（种）不同的菜单。

八戒听后恍然大悟，跺着脚说道："要是我早来请教你，就不用跑断腿在外面选菜了。"

【数学小笑话4】

作　弊

老师报成绩：小猴30分，小鹿20分……

小猪：我考了0分！

小狗：怎么办？我也是。

小猪：我们两个考的分数一样，老师会不会以为我们作弊啊？

扩建基地

八戒自从上次吃了原材料准备不充分的亏，觉得自己的大酒店应该有一个原材料基地，于是他到高老庄承包了一块地。

都说八戒又馋又懒，可这次不同，他为自己干活的效率极高。他用九齿钉耙翻地可比现代拖拉机还要快，仅一个上午，就把一块长50米、宽30米的地翻了个遍。

文曲星也特意过来帮忙，他对八戒说："你的这块地的面积只有1500平方米，太小了，必须得扩大。"

"面积扩大多少比较合适呢？"八戒问道。

文曲星想了想说："长再增加30米，宽增加20米。"

八戒在心里算了算，说："30×20，面积才增加了600平方米，太少了吧？"

文曲星笑道："八戒，你的这种算法错了。我给你画个图，你就知道增加了多少面积了。"说完，文曲星在地上画了个图：

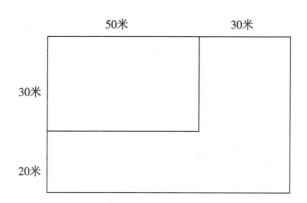

八戒看着图，蹲在地上算了起来：

扩大后的面积是：（50＋30）×（30＋20）＝80×50＝4000（平方米）。

原来的面积是：50×30＝1500（平方米）。

增加的面积是：4000－1500＝2500（平方米）。

"哇，没想到能增加这么多面积！"八戒感叹道。

八戒犁完地，种上了人间和仙界的各种蔬菜和果树。他还特意从镇元大仙那里讨来人参果树的枝条，将枝条嫁接到一年后就能成熟的苹果树上。八戒因为对"人参果是什么味道"一直耿耿于怀，所以特别想饱饱地吃上一顿人参果大餐。

【数学小笑话3】

100分

期末考试后，小亮回到家，说："这回考试，我两门课考了100分。"爸爸妈妈听后很高兴。小亮接着说："是两门课加起来100分。"爸爸听了抬手就要打，妈妈劝道："就算语文得了40分，数学总该有60分吧，总还有一门及格嘛！"小亮委屈地说："妈妈，不是那么个算法。语文是10分，数学是0分，加在一块不正好是100分吗？"

外卖电话号码

八戒的酒店生意越做越好，在天庭开了许多家分店。他成了名副其实的猪董事长，办事也细心多了。经过统计，八戒发现酒店晚上生意兴隆，白天的生意却十分惨淡。原来神仙们白天得上班，没空到酒店消费。

八戒心想："白天也得吃饭啊，他们没空来，我就送上门。"于是，八戒当即成立了外卖部，送餐上门。

请谁当外卖部经理呢？对，请猴哥和哪吒。猴哥翻一个筋斗云就有十万八千里，哪吒的风火轮也够快。八戒想到这里，当即给孙悟空和哪吒发去了聘书，聘请他俩当外卖部经理。

"猪董事长，酒店没有联系方式，我们如何送餐呢？"哪

吒问道。

"你瞧，我一忙就把这事忘了。你立刻去申请一个外卖部电话号码，号码一定要好记，要让顾客念一遍就忘不了。"八戒拍拍头笑道。

哪吒申请完电话号码，八戒问道："哪吒，号码是多少?"

哪吒刚想说，悟空连忙拦住说："八戒，要想知道这个号码，你得自己动脑筋。"

八戒催促道："什么号码，还得动脑筋记?"

悟空笑道："第一个数字既不是素数也不是合数，第二个数字的最大约数是8，第三个数字是最大的一位数，第四个数字最大的倍数是8，第五个数字的约数只有1个，第六个数字比最小的合数大3，第七个数字的约数有1、3、9，第八个数字比最小的素数大5。"

八戒琢磨了好久，终于把电话号码算出来了，"18981797，'要发就发，要吃就吃'。哈哈，这个号码好记。"

【数学小笑话6】

大　写

一位衣着时尚的女郎走进邮局汇款处，把汇款单填好后交给了营业员。营业员看了看，把单子退回后说："数字要大写。"女郎头一歪，说："大写? 格子这么小，叫我怎么写大?"

坐坏了的板凳

八戒为了使自己酒店的经营模式更丰富，特意来到人间学习，模仿快餐店设立了套餐服务。

一天，老龙王挺着大肚子来到酒店，点了 58 元的 A 套餐和 42 元的 B 套餐各 17 份，营业员拨着算盘、忙着计算。八戒正好经过，脱口而出："不用算了，一共 1700 元。"

老龙王笑道："八戒当了老板，连心算能力也大有长进啊。"

原来，八戒意识到要想经营好一家酒店，数学不好肯定不行，所以一有空，他就拿着读四年级的儿子——猪小戒的数学书研究起来。这不，他刚学了"乘法分配律"这一知识，就派上了用场。

34 份套餐摆了一大桌子，老龙王盘坐在椅子上，摆开架子准备大吃一顿。哪知道，这酒店的椅子不牢固，一歪，让老龙王摔了个嘴啃泥。桌子也被掀翻了，饭菜洒了一地。

八戒连忙上前扶起老龙王，连声道歉："哎呀，老龙王，坐坏了椅子是小事，摔坏了你的身子，我老猪可担待不起啊。"

老龙王一肚子的怒火，他两眼一瞪，怒道："坐坏了你的椅子？你瞧瞧这些破板凳，差点把我这把老骨头摔断了。"

八戒检查了一下酒店的椅子，这才发现大多数椅子都摇摇晃晃的，快散架了。他连忙对老龙王赔上笑脸，说："这都是我的过失，让你受苦了。今天你的套餐，我老猪请了。"

晚上，八戒躺在床上，心想：如果将酒店里的1000多张椅子全换掉，可是一笔不小的费用；不换吧，又怕再出现问题。八戒翻来覆去，无法入睡。他突然想到"三角形具有稳定性"，于是一跃而起，找来许多小木条，折腾了一晚上，给每张椅子加了两根木条。就这样，八戒既没花钱，又把椅子摇晃的问题解决了。

【数学小笑话7】

乘法分配律

老师发现一名学生在作业本上写的姓名是：木×（1+2+3）。

老师问："这是谁的作业本？"

一名学生站起来："是我的！"

老师："你叫什么名字？"

学生："木林森！"

老师："那你怎么把名字写成这样呢？"

学生："我用的是乘法分配律！"

牛魔王打酒

八戒种的人参果树终于开花结果了，他把吃不完的人参果酿成了人参果酒。喝了这酒不仅能强身健体，还能益寿延年，许多客人特意赶来品尝此酒。

牛魔王闻讯，特意带着夫人铁扇公主，骑着他的金睛兽从火焰山赶到了天蓬大酒店。酒过三巡，菜过五味，牛魔王拎着他的两个酒葫芦，对服务员说："我的大酒葫芦能装 5 斤酒，小酒葫芦能装 3 斤酒。你只能用我的一大一小两个酒葫芦，给我装 1 斤人参果酒。若你装不出来，我可不付钱。"

服务员急忙拎着两个酒葫芦，向八戒汇报情况。八戒断定，牛魔王这次来是想吃白食的。

八戒拿着两个酒葫芦，想了想说："走，让我老猪来治治这个魔头。"八戒带着牛魔王来到酒缸前，说："牛魔王，你可看仔细了。"

八戒先把 3 斤的酒葫芦装满，然后把 3 斤酒葫芦中的酒倒入 5 斤的酒葫芦中；再把 3 斤的酒葫芦装满，然后把 3 斤酒葫芦中的酒倒入 5 斤的酒葫芦中，直到装满 5 斤的酒葫芦。这时，留在 3 斤酒葫芦中的酒正好是 1 斤。

八戒列出倒酒的过程：

次序 酒量 器具	1	2	3	4
3 斤酒葫芦	3	0	3	1
5 斤酒葫芦	0	3	2	5

牛魔王没想到八戒这么快就解决了，改口说道："噢，我

记错了，应该装 4 斤酒带走。"

八戒想了想，又拿起酒葫芦。他先把 5 斤的酒葫芦装满，然后把 5 斤酒葫芦中的酒倒入 3 斤的酒葫芦中，倒满为止，这时 5 斤的酒葫芦中还剩 2 斤酒。他再把 3 斤酒葫芦中的酒倒回酒缸，并把 5 斤酒葫芦中剩下的 2 斤酒倒入 3 斤的酒葫芦中，接着把 5 斤的酒葫芦装满，这时两个酒葫芦中的酒就有 5 + 2 = 7（斤）。最后他把 5 斤酒葫芦中的酒倒入 3 斤的酒葫芦中，直至装满 3 斤的酒葫芦，这时正好倒掉了 1 斤。此时，5 斤的酒葫芦中剩下 4 斤酒。

过程如表中所示：

酒量　　　次序 器具	1	2	3	4	5	6
5 斤酒葫芦	5	2	2	0	5	4
3 斤酒葫芦	0	3	0	2	2	3

八戒装好酒，说："牛魔王，这么多酒，我让酒店的外卖部经理孙悟空和哪吒亲自给你送上门，如何？"

牛魔王听到孙悟空和哪吒的名字，身子不由自主地哆嗦了一下。原来，他曾败在孙悟空和哪吒的手下。他支支吾吾地说道："不……不用了，我自己拿得动。"说完，他乖乖地付了钱离开了。

【数学小笑话8】

减 法

数学课上，老师对一位学生说："你怎么连减法都不会？例如，你家里有 10 个苹果，被你吃了 4 个，结果是多少呢？"这个学生沮丧地说道："结果是被打了十下屁股！"

八戒留学

八戒在经商的过程中，明白了数学的重要性。他听说观音正在办数学提高班，便直奔南海洛伽山。

八戒一见到观音就拜："弟子拜见菩萨，我想加入数学提高班！"一旁的红孩儿听了，哈哈大笑道："八戒学数学，真是新鲜事。"

八戒是出了名的懒和馋，观音不想收八戒为徒。

观音说："学习可是很苦的事，你受得了吗？再说，我这里可是数学提高班。"

八戒拍着胸脯说："我老猪去西天取经都没叫苦，我有信心学好数学！"

观音见八戒很有诚意，也有信心，便想考考八戒的智商。她说："八戒，光有信心可不行。我出道题考考你，如果你答对了，我就收下你。"

"一言为定!"

观音指了指手上的净瓶,说:"我手中的小净瓶和莲花台上的大净瓶共装有 24 千克水,两个瓶中倒出同样多的水后,大净瓶里还有 9 千克水,小净瓶里还有 3 千克水,这两个净瓶中原来各装有多少千克水?"

八戒跟文曲星学了不少数学知识,他想了想说:"用 24 千克减去两个瓶中剩下的水,24 − 9 − 3 = 12(千克),再用 12 ÷ 2,可知两个瓶子各倒掉 6 千克水。所以大瓶里的水原来有 9 + 6 = 15(千克),小瓶里的水原来有 6 + 3 = 9(千克)。"

俗话说:"士别三日,当刮目相看。"八戒笑道:"我八戒可不是以前的八戒了,我争取在毕业时拿个三好学生或优秀学员证书。"

【数学小笑话9】

答案是错的

课堂上,老师出了一道判断题,要求同学们当场判断正误。

老师:"小林,请你判断一下。"

小林:"我认为答案应该是'错误'。"

老师:"为什么呢?"

小林:"因为小燕刚才回答的是'正确',你没有让她坐下。"

"狐丽狐途蛋"奇遇记

在一片森林里，有一个兔子王国，王国里有博士兔、机灵兔、美丽兔、憨憨兔、大力兔……在兔子王国旁边还有一个狐狸家族，狐爸爸叫狐途，狐妈妈叫狐丽，狐儿子叫狐蛋。

他们在森林里发生了许多故事……

皂夹弹的威力

"丁零零……"博士兔夹着书走进教室。他习惯性地推了推鼻梁上的老花镜，开始讲课："今天我们学习负数……"

顽皮兔推了推正在做梦的憨憨兔，笑道："你又梦到啃胡萝卜了？"憨憨兔吃惊道："你咋知道的？"

顽皮兔指着憨憨兔课桌上的一大摊口水，笑道："是你那馋嘴巴告的密。"憨憨兔不好意思地挠挠头说："又让你猜着了。"

顽皮兔掏出一个小本子，神秘地说道："我刚考取了飞行执照，我带你去飞一趟，如何？"憨憨兔抬头看到博士兔正埋头讲课，心想啃胡萝卜的美梦肯定接不上了，于是一咬牙，说道："行！"

两只兔子悄悄地溜出教室，来到了飞机场。

"哇，好多飞机啊！我要坐战斗机！"

伴随着发动机的轰鸣声，飞机升上了天空。碧绿的草地、蔚蓝的湖面尽收眼底。"皮皮，你是我的偶像，我也要学开飞机！"憨憨兔对顽皮兔佩服得五体投地。

"你学骑自行车都学了一年，如果要学开飞机，那还不得学到胡子白啊？"顽皮兔笑道。

"你咋瞧不起我呢？"憨憨兔赌气离开驾驶室，来到机舱里。

突然，飞机的雷达显示屏上有一个红点在跳跃，报警声随即响起。"不好，海底有敌人入侵！"

胆小的憨憨兔哭着说道："我们快回去吧！我再也不坐飞机了，也不想当飞行员了。"顽皮兔胸有成竹地说道："怕啥，我们开的是战斗机！憨憨，你去搬皂夹弹，我们把敌人的潜艇炸出来。"

"憨憨，我们飞机的高度是+800米，敌人潜艇的深度是-50米，你调试好皂夹弹爆炸的精确位置！"顽皮兔命令道。

憨憨兔挠挠头，问道："+800米，-50米。应该将炸弹设置成下降多少米后爆炸呢？"

"超过海平面的为正数，低于海平面的为负数，应该设置成下降850米后爆炸。"顽皮兔果断地说道。

随着皂夹弹的爆炸，入侵的潜艇浮上海面，竖起了白旗，然后掉头逃窜。顽皮兔和憨憨兔还隐约听到了狐途的叫喊声："我一定会回来的！"

他俩成功地击退了入侵的狐狸家族，被授予三等功。当然，他俩擅自逃课，也得到了博士兔给予的"清洁厕所一周"的"奖励"。

戴着大口罩的憨憨兔一边刷着马桶，一边说："皮皮，你下次带我拿个六等功的大奖励。"

顽皮兔跷着二郎腿，看着憨憨兔打扫卫生，笑道："你又弄错了，一等功才是最高奖励。"

【挑战自我1】

博士兔用下列方法统计第一次数学成绩：凡是得分为100分的都记作 +10 分，得分为 85 分的记作 −5 分，得分为 92 分的记作 +2 分。憨憨兔在这次测试中得了 76 分，应记作（   ）分；顽皮兔在这次测试中得了 90 分，应记作（   ）分；机灵兔得了 99 分，应记作（   ）分。

狐狸堡漏雨

一天中午，狐途的老婆狐丽正在厨房里忙着做午饭。狐途一边啃着胡萝卜，一边在纸上设计他的"捕兔器"。狐蛋看着一桌的胡萝卜，嘴巴噘得高高的，问道："爸爸，说好的兔肉呢，怎么没有呀？"

"明天，明天一定有兔肉！"狐途又一次对儿子吹牛。

狐丽拿着平底锅，怒道："又想挨打是不是？这是你第多少次对儿子撒谎了？"

狐途委屈地说道："老婆，我不是也没办法吗？"

午后，天下起了雨，破旧的狐堡到处漏水。狐途跑前跑后地忙着找盆子接水，狐丽拿着平底锅恶狠狠地叫道："瞧瞧这破狐堡，你还不赶快想办法修理！"

狐途挑着两筐胡萝卜，来到兔兔砖瓦厂。大力兔看见狐途头上的大包，笑着问道："狐途，又挨老婆打了吧?"

狐途的脸微微一红，撒谎道："路滑，是我不小心摔的。"

大力兔故作怜惜道："哎呀，你摔得可不轻啊，肯定是摔到平底锅上了。"狐途听到平底锅，吓得一哆嗦，怒道："我最恨平底锅了。"

这时，机灵兔跑过来问道："狐狸给兔送礼，你安的什么心?"狐途指着两筐胡萝卜，说："如果你们帮我去修狐堡，这胡萝卜就归你们了。"

大力兔叫上憨憨兔、机灵兔、美丽兔，一起来到狐堡，很快就把狐堡修好了。

狐丽阴阳怪气地说道："一块瓦片换一个胡萝卜。"

负责清点数目的憨憨兔叫道："哎呀，忘记清点瓦片的数量了。"狐丽笑道："现在也不好清点，就按 500 块算吧。"

"500 块? 这么大的屋顶肯定不止这么多!"机灵兔表示反对。

"嘿嘿，这是你们的过错。现在我再给你们一次机会，限你们在两分钟之内清点出瓦片的数量，否则一个胡萝卜也不给你们。"狐途皮笑肉不笑地说道。

机灵兔爬上屋顶，仔细地看了看，又心算了一会儿，说道："一共 1140 块。"

狐丽说道："这肯定是你胡乱编的数字。"

机灵兔用树枝在地上画出了狐堡屋顶的平面图，前后是两个完全一样的梯形，最上层有 21 块瓦片，每往下一层就多一块，共铺了 19 层瓦片。

机灵兔指着平面图说："最下层有 21 + 18 = 39（块），（21 + 39）× 19 ÷ 2 = 570（块），所以一个面铺了 570 块，那么两个面一共铺了 1140 块瓦片。"

狐丽叫道："这么多啊！唉，过冬的粮食又不够了。"

这时狐蛋跑出来，拍着手笑道："爸爸真厉害，抓了这么多兔子！"狐途立刻露出凶狠的目光。大力兔眼疾手快，一把抱住了狐蛋，怒道："狐蛋在我手上，你敢乱来？"

狐丽万分焦急地说道："别伤了我的宝贝，什么条件我都答应你。"

最后，大力兔带领大伙，挑着胡萝卜安全地返回了兔子王国。

【挑战自我2】

博士兔带领大伙来到木材厂当义工。采伐的木材堆在一起，侧面是一个梯形，最上层有 16 根，最下层有 34 根，相邻的每层相差 1 根。这堆木材一共有多少根？

狐途的如意算盘

"爸爸，我饿！"狐蛋捂着肚子哭道。

"家里都揭不开锅了，你快去挣钱！"狐丽高高地举起平底锅。狐途见势不妙，立刻脚底抹油开溜了。

狐途在水果市场瞎转悠，心想：我得找个赚钱的事做一做。

这时他发现，兔奶奶推着一车新鲜的荔枝来卖。他便假惺惺地说："兔奶奶，你这么大年纪了，卖荔枝的事就交给我吧！"兔奶奶捶了捶背，感激地说："谢谢你了，这车荔枝按每千克6.5元卖。"

狐途推着一车荔枝来到市场里，大声地吆喝："新鲜的荔枝，大家快来买啊！"

"多少钱1千克啊？"

狐途眼珠一转，说："自家树上结的，便宜点儿卖了，每千克7.4元。"

大伙你1千克、我2千克地买荔枝，狐途一边称重量，一边把多赚的钱偷偷地放进自己的口袋里。很快，一车荔枝卖得只剩下5千克了。

这时，市场管理员机灵兔走过来，说："剩下的荔枝全卖给我吧。"

狐途头也不回地说："不卖了，这些荔枝我留着自己吃。"

"那你多赚的钱是不是也想留着自己花啊？"原来，狐途和兔奶奶的对话正好被机灵兔听到了。"现在我以欺骗罪逮捕你，希望你老老实实交代！"

机灵兔把狐途带到了市场管理处，问道："兔奶奶一共给你多少千克荔枝？你抬高价格后共获利多少？"

狐途沮丧地说："我交代，可我也不知道兔奶奶给了我多少千克荔枝。这是我抬高价格后赚的76.5元钱。"狐途把多赚的钱交给了机灵兔。

机灵兔看着76.5元钱和剩下的5千克荔枝，想了想说："兔奶奶应该给了你90千克荔枝。"

狐途疑惑地问道："你怎么知道的？"

机灵兔笑道："这点小事还能难得住我？你抬高价格后每千克多赚了 7.4 – 6.5 = 0.9（元），如果把剩下的5千克荔枝也按你的价格卖出，你一共获利 76.5 + 0.9 × 5 = 81（元），再用 81 ÷ 0.9 = 90（千克），可知兔奶奶共给你90千克荔枝。"

机灵兔押着狐途来到兔奶奶家，一问，兔奶奶的这车荔枝果然重90千克。机灵兔把卖荔枝赚来的钱全给了兔奶奶。

狐途的如意算盘落空了，他不仅白忙了一场，还背上了欺骗的罪名。

【挑战自我3】

博士兔到书店买《数学家的故事》，如果买3本，还剩5.5元；如果买5本，还差2.5元。请问，博士兔带了多少钱去买书？一本《数学家的故事》多少钱？

加减乘除捕兔器

最近大森林里出现了一个怪现象：每到深夜，铁匠铺子里就传出"叮叮当当"的敲打声，吓得小兔们都不敢出门。

这是咋回事呢？在铁匠铺火红的炉子旁边，狐途一边翻阅着一本古书，一边捣鼓着一个铁笼子。"哈哈，我狐途发明了历史上最强的捕兔器！"狐途兴奋地叫道。

第二天，狐途带着他的"伟大发明"回到了狐堡，但迎接他的不是鲜花和掌声，而是狐丽的平底锅。"说！这几天到哪鬼混去了？"

狐途一脸的委屈："老婆，冤枉啊！这几天我可是绞尽脑汁、挖空心思……瞧，这就是我发明的遥控捕兔器！"

"爸爸，这捕兔器叫啥名？它看上去有点怪怪的。"一旁的狐蛋感到很好奇。

"这里面可是有机关的，要破解它，必须填上加减乘除号，所以它就叫'加减乘除捕兔器'。"

狐途急于显摆自己的"伟大发明"，便带着老婆、儿子来到小兔们经常经过的小道。他们躲藏在路边的草丛中，遥控着捕兔器，可是小兔们一见到这个外形怪异的铁笼子，便吓得一边跑一边叫："怪物来了！怪物来了！"

"瞧瞧你发明的破烂玩意儿！今天捕不到兔子，你休想回家!"狐丽撂下一句话就回狐堡了。

狐途心里拔凉拔凉的,就像在冬天里突然被浇了一桶冰水。

"爸爸,你的这个捕兔器太丑了,所以吸引不了兔子。兔子喜欢胡萝卜。"狐蛋的一句话启发了狐途,于是狐途把捕兔器改造成了胡萝卜的样子。

在一块地里,小兔们正在拔萝卜。憨憨兔躲在一棵大树下啃萝卜,他突然发现一个巨大的"胡萝卜"正慢慢地朝他移过来。"哇,这么大的胡萝卜!"

憨憨兔一跃而起,抱着"胡萝卜"就啃。"叭"的一声,"胡萝卜"开了一个口,憨憨兔掉了进去。

"哈哈,我抓住了一只肥兔子。儿子,这次你的功劳最大!"狐途乐开了花。

"爸爸,让我玩玩。"狐蛋接过遥控器,玩了起来。

"今晚我们吃清蒸兔子肉。"

"不行,红烧的好吃!"

父子俩为了兔子肉的做法争吵起来。狐蛋生气了,把遥控器往地上一摔。这下坏了,捕兔器失去了控制,朝相反的方向飞驰而去。

"唉,到嘴的兔子肉又跑掉了。"狐途垂头丧气地说道。

当晚,兔子们围在捕兔器外研究破解之法。博士兔研究了一番后,指着铁笼外的一个电子显示屏说:"机关的秘密就是,给这几个算式添上加减乘除号和括号,使之成立。"

$$9 \quad 9 \quad 9 \quad 9 \quad 9 = 17$$
$$9 \quad 9 \quad 9 \quad 9 \quad 9 = 18$$
$$9 \quad 9 \quad 9 \quad 9 \quad 9 = 19$$
$$9 \quad 9 \quad 9 \quad 9 \quad 9 = 20$$
$$9 \quad 9 \quad 9 \quad 9 \quad 9 = 21$$

在博士兔智慧的引领下，捕兔器的机关被破解了，狐途的阴谋再也不能得逞。

$$(9 \times 9 - 9) \div 9 + 9 = 17$$
$$9 + 9 + (9 - 9) \times 9 = 18$$
$$(9 \times 9 + 9) \div 9 + 9 = 19$$
$$9 + 9 + (9 + 9) \div 9 = 20$$
$$(99 + 9) \div 9 + 9 = 21$$

【挑战自我4】

给下列算式添上"＋""－""×""÷"和"（　）"，使算式成立。

$$8 \quad 8 \quad 8 \quad 8 = 0 \qquad 8 \quad 8 \quad 8 \quad 8 = 1$$
$$8 \quad 8 \quad 8 \quad 8 = 2 \qquad 8 \quad 8 \quad 8 \quad 8 = 3$$

狐朋狗友

狐途没抓到兔子，天黑了也不敢回家，独自在外面转悠。

"屋漏偏逢连夜雨"，冻得浑身发抖的狐途看着天空下起了小雨，连忙躲到一座天桥下面。

"哈哈，'天无绝人之路'！"狐途看到墙角有一团破旧的棉被，立刻钻了进去。

突然，从棉被里钻出一个蓬头垢面的狗头，"滚出去，这是我的被子！"狐途一看，原来是只流浪的癞皮狗。

狐途满脸堆笑道："癞皮兄弟，今晚你帮我一次，明天我请你吃烤全兔。""哼，烤全兔有什么好吃的！想当年，我天天吃山珍海味……"

"打断一下，癞皮兄弟你当年是干啥的，为什么今天成了这副模样？"狐途问道。

"唉，'好汉不提当年勇'。想当初，博士兔开发了一个叫'股票'的投资项目。我开着宝马进股市，最后是穿着裤衩出来的。"

"股市有风险，投资需谨慎啊！"狐途摸了摸只有几个钢镚儿的口袋，庆幸自己的钱都上交老婆了。

"我得把我的钱偷回来。狐途老弟，我在外面把风，你帮我去偷。"

"不行，有个成语叫'狐鸣狗盗'，你们狗家族生来就是偷盗的高手。"狐途可不傻。

"你不帮我偷，今晚我就不借给你被子。"癞皮狗威胁道。

狐途想了想，从口袋里拿出一把火柴，说道："癞皮兄弟，我们来次公平的比赛。谁赢了，在外面放风；谁输了，就去银行偷。"

癫皮狗反问道:"怎么个比法?"

狐途解释道:"这里有88根火柴,我们轮流取,每次可以取1根、2根或3根,取到最后一根者为胜,如何?"

"那我先取!"癫皮狗抢先说道。

狐途心想:(88-4)÷4=21(轮),无论癫皮狗取了多少根,只要自己下一次取的根数和癫皮狗取的根数相加为4,21轮过后,只剩下4根火柴,不论癫皮狗怎么取,自己都能获胜。于是,狐途爽快地答应了。

"真倒霉。这次不算,我们三局两胜。"第一局输了,癫皮狗耍起了无赖。

狐途有了必胜的秘诀,又连胜两局。

"怎么样?愿赌服输,我把风,你去偷。"

用"成事不足,败事有余"来形容癫皮狗最恰当不过了:癫皮狗刚溜进银行,就触动了报警器,被当场抓住,而狐途在外面见机逃跑了。

【挑战自我5】

桌上有100根火柴棒,甲、乙二人轮流取,每人每次可以取1根、2根、3根、4根或5根,但不能不取。谁取到最后一根,谁便获胜。甲要想赢的话,应如何取?

美丽兔机智逃脱

癫皮狗把狐途参与偷盗的事招供了出来，兔王国全城搜查，吓得狐途躲进了一片小树林。

"吓死我了！"狐途拍着胸口给自己压惊。

突然，狐途发现一团白白的东西晃晃悠悠地朝自己走来，撞在一棵树上倒了下去。狐途壮了壮胆走近一看，原来是一只喝醉酒的小白兔。"哈哈，没想到'守株待兔'的好事也让我狐途遇上了。"狐途背起小兔就朝狐堡跑去。

"老婆，我抓到一只兔子！"狐途离家老远就嚷起来了。

狐丽走出城堡，扬了扬手里的平底锅："为什么不早点儿回来，晚饭都吃过了！"狐途满肚子的怒火，却不敢发出来："这只兔子我们可以养一天，等明天再吃。"

狐蛋跑出来，问道："爸爸，你是怎么抓住这只兔子的？"狐途可不会把自己"捡"来一只兔子的事讲出来，他滔滔不绝地说道："你老爸独自冲进兔子王国，与兔子大战三百回合……"

"对儿子不能撒谎，也不能吹牛！"狐丽吼道。

第二天，美丽兔清醒了，发现自己被捆绑在桌子上，狐蛋瞪着小眼睛看着她。"你是谁？这是哪里？我怎么会在这里？"

狐蛋说："兔姐姐，我叫狐蛋，这里是狐堡。爸爸说今天要吃了你。"

美丽兔这才想起，昨天晚上自己喝醉了酒。她的大脑飞速地运转，想着如何才能逃出去。

这时，狐途磨完刀走了过来，"哈哈，今天有兔子肉吃了。"

"别碰我，我可不是普通的兔子，我是美丽天使兔！"

狐途听完大笑道："你是天使兔，那我就是狐狸上帝！"

美丽兔见狐途不上钩，又对狐丽说："这位美丽的狐姐姐，你原来也是天使啊。"狐丽听得心里美滋滋的。

"老婆，你别信她的话。"

"你说你是天使兔，你有什么本领？"狐丽问道。

"我知道，天使姐姐比我多活一天，我还知道你老公的口袋里装了多少钱。"

狐丽半信半疑地看着美丽兔："哦，那你说说，他口袋里有多少钱？"

美丽兔想了想，对狐途说："把你口袋里的钱数以分为单位，乘以 67，再把这个乘积的末两位数字告诉我。"

狐途在心里算了算，说："乘积的末两位是 82。"

美丽兔脱口而出："你口袋里有 4 角 6 分钱。"

"你……你……你怎么知道的？"狐途难以置信。

狐丽走上前急忙给美丽兔松绑，转身对狐途怒道："老实交代，这 4 角 6 分钱是怎么回事？"

"这肯定是狐大哥藏的私房钱，狐姐姐，你可得好好管管。这是你们的家事，我有事要先走了。"

"老婆，这……这……这钱……"

"哎哟……啊……"狐堡里传出了一声声惨叫。

【挑战自我6】

你知道美丽兔是如何算出狐途口袋里的钱数的吗?

鸡兔同屋

一天清晨,狐途对着镜子梳头,发现自己最近头发掉得厉害,自言自语道:"天天吃素,没有荤腥下肚,和庙里的和尚一样,早晚会变成秃头。"

狐蛋不知从哪里冒出来,笑道:"爸爸,你错了,不是秃头,是秃狐!"

"你想不想吃肉?"狐途对儿子说道。"咋不想,我昨天做梦都梦见啃鸡腿了。"狐蛋边说边抹口水。

"俗话说'狡兔三窟',这兔子都太狡猾了。今天晚上我们去逮只鸡,改善一下伙食。"

"好嘞,好嘞!我去告诉妈妈,让妈妈也一起去。"狐蛋拍着手,兴高采烈地去通知狐丽。

晚上,狐途一家三口身穿夜行衣,在夜幕的掩护下,悄悄地向鸡屯摸去。来到鸡屯,他们发现鸡窝里灯火通明,里面不时地传出歌声、笑声和掌声。

"咋回事?"狐途决定搞清楚鸡为什么晚上不睡觉。

狐蛋个子小，他趴在地上，透过门下面的缝往里看。"爸爸，这鸡窝里怎么有兔子腿呢?"

"兔子咋来了，这不是要坏我的好事吗? 儿子，快数数有多少条腿。"狐途隐隐地感觉到今晚的计划要泡汤。

"一共有 40 条腿。"

狐途对狐丽说："老婆，你骑到我肩上，透过窗户看看他们在干吗，再数数有几只兔、几只鸡。"

狐丽透过窗户，发现鸡和兔正在办派对。鸡和兔都在跳舞，狐丽数得眼睛都花了，最后只数出一共有 18 个头。

"鸡兔同屋，共有 18 个头、40 条腿，那有几只兔、几只鸡呢?"狐途挠着头，不知如何是好。

"这有什么难的，我先让鸡和兔都抬起一条腿来，就去掉了 18 条腿……"狐蛋还没说完，狐途笑道："儿子，鸡会听你的话吗?"

"爸爸，你想象一下嘛!"狐蛋不服气地说道，"然后再让鸡和兔抬起一条腿来，又去掉 18 条腿，还有几条腿?"

"如果这样，那鸡就没有腿了，剩下的 4 条腿全是兔腿。用 4÷2＝2，所以兔有 2 只，鸡有 16 只。"狐途一下子明白过来了。

"瞧瞧，咱的宝贝儿子越来越有出息了。再看看你，一事无成。"狐丽表扬儿子时，不忘打压一下狐途。

"哈哈，只有两只兔子。我们等他们跳累了，喝醉了，进去一锅端!"狐途得意地说道。

夜深了，屋内的声音渐渐小了，狐丽决定再透过窗户看一下屋内的情况。她又骑到狐途的肩上，发现鸡和兔都趴在桌上睡着了。

"老婆，你好重啊。"狐途被压得憋红了脸。

"再坚持一会儿，等他们睡熟了。"

"噗！"狐途放了一个臭屁，在寂静的夜晚显得格外响。

"不好，屋外有贼！这么臭的屁好像是狐狸放的。"一个屁惊醒了屋内的鸡和兔，他们赶快把门顶上，把窗户封死了。

"唉，成事不足、败事有余的家伙！"狐丽抱怨道。

【挑战自我7】

在一次知识竞赛中，有15道判断题，评分规定：每答对1道题得2分，答错1道题要倒扣1分。憨憨兔回答了全部题目，但最后只得了0分。他全答错了吗？如果不是，那他答对了几道？

弹簧捕兔鞋

近来，狐途又在狐堡里"叮叮当当"地捣鼓起了自己的发明。

"你成天搞这些破烂玩意儿，它们能当饭吃吗？"

　　"老婆，这可是我的最新发明——'弹簧捕兔鞋'。你穿上它，不仅显得更高挑，关键是你跑起来的速度比兔子还要快！"狐途拿起一双在鞋底安装了强力弹簧的鞋子，得意地说道。

　　狐丽将信将疑地穿上弹簧鞋，一蹦三尺高，"啊，我飞起来了！"狐丽越玩越起劲。

　　"老婆当心！"狐途话还没说完，狐丽一头撞在了墙上。接下来的事更惨了，不过主人公变成了狐途，狐堡里又传出了惨叫声。

　　"砰"的一声，狐途和他刚刚发明的弹簧鞋一起被扔出了狐堡。

　　狐途穿上弹簧鞋，决定去捉一只兔子来寻求老婆的原谅。

　　草地上，小兔们正在做游戏。眼尖的美丽兔发现了狐途，连忙叫道："快跑！"

　　"哈哈，看你们往哪跑！"狐途穿着弹簧鞋，只用了50秒就追上了跑得最慢的憨憨兔。

　　博士兔闻讯赶了过来，问道："你们怎么跑不过狐途呢？"

　　美丽兔回道："我们也不知道狐途穿了什么鞋，他一蹦老高，而且跑起来跟风一样快。当时他离我们有200米远，我们赶紧往回跑，可是憨憨还是被抓住了。"

　　"博士，你快想个办法救憨憨啊！"大家齐声说道。

　　博士兔看了看草地上留下来的鞋印，说："这是弹簧鞋，在硬地面上弹性很强，不过要是陷入泥潭，就甭想出来了。"

博士兔自言自语道："憨憨的最快速度是每秒 1.5 米，狐和兔相距 200 米，50 秒被抓，那狐途的速度就是每秒（200 + 1.5×50）÷50 = 5.5（米）。"

博士兔算完后，对顽皮兔说："狐途这个自大的家伙肯定还会再来。当他离你 140 米远的时候，你以每秒 2 米的速度往回跑。"接着又对大力兔说："你在 220 米处挖一个坑，在坑里面填上稀泥。"

狐途把憨憨兔关在狐堡里，还给狐丽做了一双弹簧鞋，他们俩一道出来捉兔子。"哈哈，老婆，到时我们一起上，就能捉到更多的兔子了。"

当狐途和狐丽离顽皮兔 140 米远时，顽皮兔大叫："快跑，狐途又来捉兔子了。"

"看你往哪跑！"

40 秒，一切都在博士兔的计划当中。"轰"的一声，狐途和狐丽同时陷入泥潭，不得动弹。

博士兔带着小兔们赶到狐堡，成功地救出了憨憨兔。

"这该死的狐途，我要烧了他的狐堡！"

狐途和狐丽回到狐堡，见儿子狐蛋独自在外面，狐堡已经变成了一片废墟。

"哎呀，我的家！"狐丽伤心地大叫。

"老婆，我们只能搬家了，离开这伤心的地方。"

【挑战自我8】

　　小冬、小青两人从甲、乙两地同时出发，相向而行，两人在离甲地40千米处第一次相遇。相遇后两人仍以原速度继续行走，并且各自到达对方的出发点后立即沿原路返回，两人在距乙地15千米处第二次相遇。甲、乙两地相距多少千米？

文迪古代奇遇记

"我讨厌数学!"文迪合上数学书,歇斯底里地大喊了一声。这可把正沉浸在电脑里的爸爸、织毛衣的妈妈吓了一跳。"你怎么能不学数学呢?数学可是主课,你今后考初中、高中、大学……都得学数学。文迪乖,把书打开,再看看、做做就会了。"妈妈又开始了那一套老生常谈的说教。

"不,我要去古代!李白、杜甫、王维、苏轼……他们中哪个人会数学?可他们不都是历史上响当当的大文豪吗?还有,我听说古代只有一本数学课本——《九章算术》,还是选修……"文迪的一套说辞让妈妈哑口无言。

这时,对文迪的学习一贯不管不问的爸爸走过来,递给文迪一台崭新的平板电脑,首页上是中国各个朝代的著名文豪。爸爸淡淡地说:"那你就和这上面的诗人一起生活,看看他们会不会数学,生活中需不需要数学。"

"不惩罚也就罢了,还奖励一台平板电脑?"满脸怒火的妈妈和爸爸争执了起来。文迪抱着平板电脑走进自己的小屋,开始了一段不同寻常的旅程……

李白的"醉诗"

"朝辞白帝彩云间，千里江陵一日还。两岸猿声啼不住，轻舟已过万重山。"在平板电脑的朗读声中，文迪穿越时空，来到了唐朝。

"你就是文迪？"

文迪发现自己正和一位身着唐衫、长须飘飘的中年男子相对而坐。

"你怎么知道我的名字？你是谁？"文迪反问道。

"哈哈，我姓李，字太白。"说完，他端起一杯酒一饮而尽。

"诗仙李白？我……我……我是你的铁杆粉丝，快给我签个名吧。"文迪找了半天也没有发现一张纸，只能请求李白在自己的衣服上签名。

"铁杆粉丝，煮得烂吗？能吃吗？"李白问道。

"我说的粉丝可不是你说的粉丝，我说的粉丝是……"文迪说了半天，也没能让一个生活在1200多年前的人理解"此粉丝非彼粉丝"。

"算了，不说粉丝了，我们来谈谈你写的诗。我感觉你写的诗不符合数学常识。"文迪换了个话题。

"哦？说来听听。"李白放下酒杯，变得谦虚起来。

"比如'千里江陵一日还'：一千里路相当于 500 千米，你们没有飞机、高铁，也没有汽车、轮船，一日千里，你这不是骗人吗？再比如'危楼高百尺，手可摘星辰'：一百尺相当于 33.3 米，站在这个高度就能摘到星辰？还有'飞流直下三千尺，疑是银河落九天'：天只有 1000 米高吗？……"

　　文迪滔滔不绝地说了一大通，最后总结道："诗仙，你的诗写得不错，但你的数学嘛……"文迪没有把"不咋样"三个字说出来，算是给大文豪留面子了。

　　李白笑道："看来你对我的诗还是挺有研究的。"

　　"我想拜您为师，跟您学写诗。"文迪说出了自己的心里话。

　　李白晃了晃酒壶，笑道："你跟我去打酒。"

　　来到街上，李白轻声吟道："李白街上走，提壶去打酒。遇店加一倍，见花喝一斗。三遇店和花，喝光壶中酒。试问酒壶中，原有多少酒？"

　　李白对文迪说："你要是答得上来，我就收你为徒。"

　　"那要是答不上来呢？"

　　"答不上来？那你就从哪来回哪去。"说完，李白走进了一座寺庙。

【穿越时空解题1】

　　故事中这道民间算数题的题意是：李白在街上走，提着酒壶边喝边打酒，遇到卖酒的店就将壶中的酒添一倍，遇到花就喝去一斗（斗是古代的容积单位）。他总共遇到了店和花各3次，正好把酒喝完。请问，壶中原来有酒多少斗？

古寺奇遇

　　文迪费了九牛二虎之力，绞尽脑汁也没有解出李白出的难题。他只能硬着头皮进入寺庙，大声喊道："师父，你在哪里？"只见寺内的几十个老和尚异口同声地回道："施主，找老衲有何贵干？"

　　"我找李太白。"文迪连忙说道。

　　"李施主和方丈正在藏经阁里谈论经文，请跟我来。"一个小和尚领着文迪来到一座宝塔里。李白和方丈正在交谈，文迪也不便打扰，只好坐在一旁等候，最后竟迷迷糊糊地睡了过去。他梦到几个小和尚正给自己剃光头，急得大喊道："别剃光头，我不想做和尚！"

　　文迪惊醒后睁眼一看，哪还有李白的身影，只见方丈笑眯眯地说："小施主，李太白施主临走前给你留了一句话，让你学好数学后去找他。"

"咕噜噜……"文迪的肚子叫了起来。

"饿了吧,你去斋堂用餐吧。"方丈显得十分客气。

来到斋堂,只见上百个和尚正在领馒头,文迪刚想挤进队伍里,就被一个大和尚拎了出来,"哪里来的叫花子,我们这里没有多余的馒头。"

"叫花子,有我这么干净的叫花子吗?"文迪一脸的委屈,拜师不成,还被人当作叫花子。

这时,一个老和尚走过,说道:"小施主,我们这里没有多余的馒头。如果你能答对老衲的问题,我就送一个馒头给你。"

"什么问题?"

老和尚说道:"一百馒头一百僧,大僧三个更无争,小僧三人分一个,大小和尚各几人?"

这大小和尚都不知道,应当如何求呢?文迪想破了脑袋也没算出来。他气愤地跑到水缸边,灌了三瓢水,抹了抹嘴说道:"我饱了!"

【穿越时空解题2】

　　故事中关于馒头问题的题意为:把 100 个馒头分给 100 个和尚,大和尚每 1 人分 3 个馒头,小和尚每 3 人分 1 个馒头,大小和尚各有多少人?

画圈圈法

文迪来到方丈的屋里，见方丈眉头紧锁，便好奇地走上前轻声问道："方丈，有什么难事吗？"

方丈拿出一卷经书，对他说："在这卷经书中，有一题老衲参悟不透，想请小施主帮忙。"文迪正愁没办法讨好方丈，见方丈向自己请教，便拍着胸脯说："没问题！"

老方丈指着书中的一道题，说："有一寺院，共有 99 位僧侣，其中 80 人种地，73 人做寺院的杂活，还有 9 人既不种地也不做杂活。请问在这个寺院中，既种地又做杂活的僧侣有多少人？"

文迪拿起一支毛笔在宣纸上画了几个圈（如图），只用了一两分钟就求出了既种地又做杂活的僧侣有 63 人。

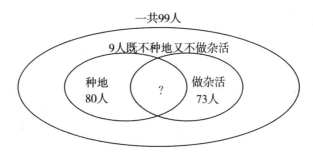

一共99人

9人既不种地又不做杂活

种地 80人　？　做杂活 73人

老方丈称赞道："您这个画圈圈的方法真好啊。"

"画圈圈？"文迪乐得合不拢嘴，解释道，"这是集合图，也叫维恩图，是英国数学家维恩创造的解题方法，就是把某一

确定范围内的事物看作一个集合。这道题目用集合法解最简单：用 99 - 9 = 90（人），求出种地与做杂活的人数；用 90 - 80 = 10（人），求出只做杂活的人数；再用 73 - 10 = 63（人），就可求出既种地又做杂活的人数了。"

"英国？维恩？"文迪这么一说，方丈更糊涂了。

文迪知道自己无论如何也解释不清方丈的两个疑问，便假装伸了个懒腰，打了个哈欠，说："方丈，我远道而来，已经很累了，我们明天再探讨吧。"

"咚咚、咚咚……"

屋外传来打更声。文迪知道打更是古代人报时的一种方法：一更约相当于现代的晚上 7 时到 9 时，二更约相当于晚上 9 时到 11 时，以此类推。

夜深了，文迪望着窗外寺塔上的点点红灯，想起了明代数学家程大位的一首诗，便轻声吟诵起来："远望巍巍塔七层，红灯点点倍加增，共灯三百八十一，问问塔尖几盏灯？"

没想到老方丈也没有睡着，他脱口而出："3 盏。"

文迪纳闷了，轻声问道："方丈，你怎么算得这么快？"

方丈笑道："我们寺里的塔灯就是这么悬挂的。"

"哦，原来如此，世上竟有如此巧合之事。"文迪恍然大悟。

【穿越时空解题3】

故事中诗句的意思是：有一座宝塔共7层，每层都有红灯笼，从上往下，每层盏数都是上一层盏数的2倍，整座宝塔一共有灯381盏，那么顶层有多少盏灯？

我要吃"东坡肉"

连续吃了几天素斋，文迪想吃肉了，"对，找苏东坡！"当文迪拿出平板电脑点击"苏轼"后，再一次穿越，来到了宋朝。

一片竹林，一条小溪，一间茅草屋，屋前的园子里种了各种蔬菜和花草。"好有诗情画意啊！"文迪惊叹道。

"有人吗？"文迪小声地喊道。

好久也不见有人来开门。这情境使文迪想起一首诗，他便轻声吟诵起来："应怜屐齿印苍苔，小扣柴扉久不开。春色满园关不住，一枝红杏出墙来。"

"好诗！没想到，小小年纪就有这等才华。"这时，从竹林里走出一个中年男子。

"你就是大文豪苏东坡？刚才那诗不是我写的，写这首诗的人叫叶绍翁，不过他还没有出生呢。"文迪解释道。

苏东坡上下打量了文迪一番："看你的打扮，应该不是我大宋子民，你从哪里来呢？"

"我……我从东边来。"文迪可不想说自己是穿越而来的，吓坏了大文豪，罪过就大了。

一个没有出生的人会写诗？苏东坡并不相信。他把文迪看成了小天才，邀请他进屋谈诗论文。

煮茶论诗，在外人看来是十分惬意的事，可对饿了一天的文迪来说却如火上浇油。"我要吃东坡肉！"文迪顾不上斯文了，大叫道。

"你又不是妖怪，为何要吃我呢？"苏东坡笑问道。

原来这"东坡肉"是后人起的菜名，连苏轼本人也不知道。文迪没有办法，只好说道："我饿了一天了，你能煮点东西给我吃吗？"

一番狼吞虎咽之后，文迪打着饱嗝，开始欣赏这草屋里的诗词绘画，其中一幅画引起了文迪的注意。这幅画的名字为《百鸟归巢图》，可画中只画了区区十几只鸟，还有一首题画诗：归来一只复一只，三四五六七八只。凤凰何少鸟何多，啄尽人间千万石。

"这幅画和诗都不错，但我觉得画的名称要改改。明明没有一百只鸟，怎么能叫《百鸟归巢图》呢？应该叫《小鸟归巢图》。"文迪自认为找到了苏轼画中的不足，有点沾沾自喜。

苏东坡笑道："你好好想想吧。"

文迪想破了脑袋，也没想出有一百只鸟来。

【穿越时空解题4】

　　故事中的诗虽然是题在《百鸟归巢图》上，全诗却不见"百"字的踪影。开始诗人好像是在漫不经心地数数，一只，两只，数到第八只，再也不耐烦了，便笔锋一转，借题发挥，发出了一番感慨：在当时的官场之中，为什么廉洁奉公的"凤凰"这样少，而贪污腐化的"害鸟"这样多？他们巧取豪夺，把百姓的千万石粮食据为己有，使得民不聊生。诗中出现了1、2、3、4、5、6、7、8这几个数字，通过哪些运算可以得到100的结果？

有趣的回文诗

　　文迪和苏轼谈论诗词到深夜，第二天日上三竿了，文迪才从床上爬起来。他看见桌上放着几个烤红薯和一碗小米粥，不管三七二十一，坐下就吃。

　　"饭后百步走，活到九十九。"文迪吃饱喝足，来到小竹林里散步，隐约听到苏东坡和一名男子正在林中交谈。

　　苏东坡说："少游啊，这次你进京赶考，我特意送你一坛好酒。"

　　秦少游笑道："大哥啊，我自从娶了苏小妹，可是滴酒不敢沾啊，不过这回可以偷偷地尝点。"

苏东坡说："我这酒可不是免费的。你要是能根据我的上联对出下联，我就把它送给你。我的上联是：一叶孤舟，载着二三个骚客，启用四桨五帆，经过六滩七湾，历尽八颠九簸，可叹十分来迟。"

"那我的下联是：十年寒窗，进过九八家书院，抛却七情六欲，苦读五经四书，考了三番两次，今誓一定要中。"

"好，有志气！"

"大哥，你出联考我，我也来考考你。最近我研究出一种有趣的诗文。"说完，秦少游铺开宣纸，写了这样几个字，正好围成一个圆形。

"这14个字，你能读出4句诗，每句有7个字吗？"秦少游对自己的创作十分得意。

"这有何难？赏花归去马如飞，去马如飞酒力微。酒力微醒时已暮，醒时已暮赏花归。"文迪自信地吟诵起来，他对这种回文诗还是很有研究的。

"小兄弟，你来自哪里？你是怎么看出我诗中的奥妙的？"秦少游惊叹不已。

秦少游哪里知道，文迪对这些回文诗已经熟练到可以倒背如流的程度。文迪一下子说出了四首有关春、夏、秋、冬的回文诗："莺啼岸柳弄春晴晓月明，香莲碧水动风凉夏日长，秋江楚雁宿沙洲浅水流，红炉透炭炙寒风御隆冬。你们能说出这四首诗吗?"

"真是'青出于蓝而胜于蓝'!小兄弟随我一起去赶考,定能中得状元。"秦少游动员文迪入京考试。

文迪平时最讨厌的就是考试,语文、数学、英语……真是"考考考,老师的法宝;分分分,学生的命根"。

"我不去。你们继续谈诗吧,我去散散步。"说完,文迪赶紧离开了。他隐约听到秦少游要押自己去京城参加考试,吓得连忙躲到屋后,拿出平板电脑,随便点了一下明朝,离开了苏东坡的草屋。他可不想被押去考场。

【穿越时空解题5】

我们数学中就有"回文数"。如45754,这个数字正读是45754,倒读也是45754,正读、倒读都一样,这样的数字就是"回文数"。而诗人利用这一特殊的现象,创作出了"回环诗",也叫"回文诗",形式包括"通体回文""就句回文""双句回文""本篇回文""环复回文"等。文中文迪的四首回文诗,你能读出来吗?

流落民间

走累了的文迪刚在大街上的一个墙角蹲下来,"当"的一声,一枚铜钱扔在了他面前的一个破碗里。"喂,我不是乞丐!"文迪拿起铜钱,想还给扔钱的大婶,吓得大婶躲了起来。

文迪看着灰头土脸的自己,自嘲道:"是得洗个澡了。"文迪刚一走进"悦来客栈",就被店家拎了出来:"小叫花子,去别处玩!"

这时,一位中年男子走进店里想要住宿,只见店家笑道:"程大位,人家都说你聪明过人,我考考你。今天我店内一房七客多七人,一房九客一房空。请问有几客几房?"

程大位想了一会儿,刚想回答,文迪走进来说道:"这有何难,这是典型的盈亏问题。一个房间住 7 个客人,则多 7 人;一个房间住 9 个客人,则空一个房间,也就是少了 9 人。(7 +9) ÷ (9 −7) =8(间)房,得出总共有 7 ×8 +7 =63(人)。"

程大位大吃一惊,连忙邀请文迪到房间细谈。

落座后,程大位称赞道:"你小小年纪就有这等才华,真是不可多得的人才啊!"文迪暗暗庆幸:幸亏自己这段时间恶补了数学,要不然也没机会和大数学家近距离接触啊。

晚饭时间到了,程大位邀请文迪共进晚餐,文迪欣然答应。两人来到餐厅,只见许多大汉正在喝酒,程大位诗兴大发,吟道:"肆中饮客乱纷纷,薄酒名醨厚酒醇。醇酒一瓶醉三客,薄酒三瓶醉一人。共同饮了一十九,三十三客醉颜生。试问高明能算士,几多醨酒几多醇?"

文迪知道这程大位又在考自己了,他拿出平板电脑一搜,答案立刻出来了。文迪说道:"此题用假设法解答比较简单。假设全是醇酒,应该醉 3 × 19 = 57(人),实际却醉了 33 人,

多了 57 − 33 = 24（人）。假如把 3 瓶醇酒替换成 3 瓶薄酒，就会少 3 × 3 − 1 = 8（人）。一共需要替换 24 ÷ 8 = 3（次），那么薄酒有 3 × 3 = 9（瓶），所以醇酒有 19 − 9 = 10（瓶）。"

程大位惊叹道："此为何物，能否借我一看？"

文迪大肆地宣扬了一番，几位大汉眼馋得恨不得马上抢过去。文迪心想，这下可坏了，如果平板电脑被坏人抢去，自己就永远也回不去了。他连忙声称自己要上厕所，乘机穿越了回来。

经过这一次神奇的穿越，文迪变得好学了，特别是对数学有了新认识。他暗暗下定决心，学好数学后再次穿越回去，和古人比试一番。

【穿越时空解题6】

老师将一些糖果分给幼儿园的小朋友，如果分给每人 3 粒，则多 17 粒；分给每人 5 粒，则少 13 粒。请问，共有多少名小朋友？有多少粒糖果？

智慧北游奇遇记

唐僧自西天取经回国后，传经诵德，感化大众，但有时也感到佛的无力，特别是对民众智慧的缺乏感到无力。经过多方打听，唐僧得知在北方有个智慧山，那里有《智慧经》，于是他叫上悟空、八戒、沙僧，踏上了北上求智慧的路途……

不要钱的包子来八笼

唐僧把三个徒弟叫来，说道："徒儿们，为师决定北上寻求《智慧经》，想请徒儿们一同前往。"

"师父啊，不是我不想去，而是我在高老庄的农家乐生意很火，实在走不开啊。"八戒第一个推辞。

"猴哥，你花果山的采摘节快要开幕了吧？沙师弟，你流沙河的漂流项目正在筹备中，对吧？"八戒又把悟空和沙僧牵扯进来，为自己找借口。

唐僧见三个徒弟只想着做生意，只能把观音请了过来，唠叨了五六个小时。悟空第一个受不了唐僧的絮叨，说道："师父，求你别叨叨了，我去！"接着又哀求道："观音菩萨，求你把金箍给我戴上吧！"

"悟空，你这是为何呢？"观音纳闷道。

悟空满脸泪水，说道："师父的'叨叨功'比念'紧箍咒'还要厉害啊。"

沙僧也答应跟师父一同前往，他见八戒纹丝不动，轻声问道："二师兄，你不怕师父唠叨吗？"

八戒得意地甩了甩他的两只大耳朵，炫耀道："我有这两个法宝，还怕师父的唠叨吗？"

悟空揪住八戒的耳朵，问道："八戒，你去还是不去？"

"哎哟哟……猴哥你轻点，我去，我去!"

唐僧见三个徒儿答应了，便拿出四本厚厚的书，说道："你们先回家学习《数与代数》《空间与图形》《统计与概率》《实践与综合应用》这四本书，我们在路上会用得着。"

一周后，师徒四人踏上了北上寻求《智慧经》的道路，一路上风餐露宿。八戒除了吃就是睡，把那四本书当作枕头，一页未看。

一天，他们途经分数城，八戒一溜烟地跑进了城里。

"看一看，瞧一瞧，刚出笼的大包子!"

八戒循声跑去："施主，这包子怎么卖?"

店主看出八戒是取《智慧经》的和尚，笑道："包子不要钱。"

"白送? 那给俺老猪来八笼!"八戒听说是白送，顿时狮子大开口。

"不要钱可不等于白送。你要是能说出我这一笼里每种馅的包子各有多少个，我就可以免费送你一笼。"店主笑道。

八戒为难道："这馅儿在包子里，我哪能看得到?"

店主说道："我这一笼包子不到 50 个，其中 $\frac{1}{2}$ 是肉包，$\frac{1}{3}$ 是白菜包，$\frac{1}{7}$ 是韭菜包，还有一部分是豆沙包。"

八戒看着香喷喷的包子，口水都流下来了，可挠了半天头也说不出每种馅的包子各有多少个，只能灰溜溜地跑了回来。

【唐僧课堂1】

　　要算出每种馅的包子各有多少个，首先要看每种馅的包子所占的比例，它们分别是 $\frac{1}{2}$、$\frac{1}{3}$、$\frac{1}{7}$，那么这笼包子的总数一定是 2、3、7 的公倍数。因为包子的总数少于 50 个，所以一笼里只可能有 $2 \times 3 \times 7 = 42$（个）包子。所以，每种馅的包子的数量分别为：$42 \times \frac{1}{2} = 21$（个）肉包，$42 \times \frac{1}{3} = 14$（个）白菜包，$42 \times \frac{1}{7} = 6$（个）韭菜包，$42 - 21 - 14 - 6 = 1$（个）豆沙包。

猴哥，你太猴急了

　　八戒自从上次吃了不懂数学的亏，也开始主动学习数学了。虽然他每次刚学一会儿就鼾声大作，不过多少也学到了一些知识。

　　一天，师徒四人正在休息，八戒悄悄地靠近悟空，装模作样地扳着手指数着："1号，2号……啊呀！猴哥，今天可是花果山采摘节的开幕之日，你这美猴王应该回去揭个幕、剪个彩啊！"

　　"可是师父由谁来保护啊？"悟空当然想回去，可放心不下师父。

八戒见机会来了，立刻拍着胸脯说："猴哥你放心，有我老猪在，哪个妖怪敢来？再说了，你一个筋斗就能翻十万八千里，一来一去也就一刻钟的时间，师父出不了事的。"

"那好，俺老孙快去快回。"说完，悟空纵身一跃飞上了云端。

"猴哥，回来时别忘了带点水果，师父饿着呢！"八戒扯着嗓子喊道，可悟空早已没了踪影。

一炷香的时间不到，悟空便驾着筋斗云回来了，只见八戒正在号啕大哭。

"八戒，师父呢？"

八戒说道："沙师弟去喂马，我便打了个盹，醒来师父就不见了。"

"你个呆子，看棒！"悟空举棒就要打八戒。

八戒连忙求饶："猴哥，别打，别打。师父不见了，可妖怪留了一张纸，上面写着师父被抓到了北偏东方向……"

悟空连忙向北偏东方向飞去，很快又折回了，问道："北偏东方向范围太大了，如何找？"

"猴哥，我话还没说完你就飞走了。应该是北偏东20度方向……"八戒话还没说完，悟空又飞了出去。过了半天，悟空又折回来了："北偏东20度方向是一条直线，我找了好久也没找到。"

"猴哥，你太猴急了，我话还没说完。应该是北偏东20度方向 50 千米处。"八戒终于把地址讲清楚了。

"妖怪，快把我师父交出来，不然我烧了你的洞!"悟空在洞口叫道。

"悟空，住手!"只见唐僧与一位长衫男子从洞里走了出来。

悟空连忙跑过去，把唐僧上下察看了一番，见师父没有受伤，这才放心。"师父，我找你找得好苦啊!"

"这位是智慧国的大学士，特邀为师前来做客。为师不是给八戒留了一张纸条吗?"唐僧说道。

"那个呆子，每次说话都说半句，害得我白找了两回。"悟空把事情的经过给唐僧说了一遍。

唐僧笑道:"悟空，你这猴急的毛病得改改了。"

【唐僧课堂2】

　　确定一个物体的位置，三个条件缺一不可:方向、角度和距离。

险些输掉金箍棒

"师父，都是我不好，害您受苦了!"唐僧刚一回来，八戒便跑上前抱着他哭了起来。

"为师没被妖怪捉去，只是被人请去做客了。"唐僧说道。

"师父您可真行，出去有吃有喝，也不跟我说一声，害得我老猪提心吊胆，还差点挨了猴哥一顿揍。不行，您得请我吃一顿，要不然我老猪会伤心的。"八戒耍起了小性子。

唐僧笑道："也好，为师也饿了，我们找个店吃点东西再上路。"

师徒四人来到一家拉面馆。老板见有客人，赶紧出来迎接："欢迎光临。请问各位要吃多长的拉面啊？"

八戒一听，心里犯起了嘀咕：只听说过吃面论几两或几碗的，从没听过论长度的。今天我来难为他一下，吃个白食。于是，八戒笑道："那就来根和我猴哥的金箍棒一样长的面条吧。不过，如果拉面没有那么长，今天我们吃完就不付钱了。"

老板见猪八戒想吃白食，也想惩罚他一下，就说："行。不过，如果我的拉面比金箍棒长，那你们就得把金箍棒留下来给我做旗杆。"

孙悟空知道有诈，刚想反对，八戒却抢过话说："行，一言为定。"说完，八戒把悟空拉到一边，劝道："猴哥，你还怕他不成？你的金箍棒要多长就有多长。"

悟空没吃过拉面，便相信了八戒的话。悟空来到店外，从耳朵里掏出金箍棒，嘴里念着"长、长、长"，只见金箍棒冲破云雾，不断变长。八戒一看差不多了，嚷道："行了，行了。"

悟空一个筋斗翻上云端，见金箍棒比世界第一高峰珠穆朗玛峰（海拔 8844.43 米）还要高一点，就没再让它长下去。

拉面馆的老板问道："请问有多长?"八戒自豪地说："有10000米。"拉面馆的老板拿起手中的面团,拉了15次,说:"行了。"

八戒一见,忙叫道:"你才拉了15次,猴哥的金箍棒有10000米,我们赢了。你快点给我们煮面,我们今天可不付钱了。"

拉面馆的老板却说道:"我每次拉的长度都是前一次的2倍,你也不算算,就知道自己赢了?"

八戒噘着嘴,不服气地说:"这还用算吗?肯定是我们赢了。第一次1.5米,第二次3米,第三次6米……第十二次3072米,第十三次6144米,第十四次……12288米,第十五次……24576米。"八戒越往后算越心惊,脸上的汗直往下淌。他心想:本想吃顿白食,可现在把猴哥的金箍棒给输掉了,他肯定会打死我的。

这时,拉面馆的老板说:"在我们智慧王国,每个人都是不准要小聪明的。今天算是给你们一个教训,金箍棒你们拿走吧。等你们取得了真正的智慧时,我请你们吃拉面。"

师徒四人虽没有吃成拉面,但通过这次教训,更加坚定了向智慧山取《智慧经》的信心。

【唐僧课堂3】

$$1.01^{365} = 37.8$$

$$0.99^{365} = 0.03$$

积跬步以至千里，积怠惰终至深渊。

$$1.02^{365} = 1377.4$$

$$0.98^{365} = 0.0006$$

只比你努力一点的人，其实已经甩下你很远。

谁去化斋

"八戒，快走！还想待在这里丢人现眼吗？"悟空催促道。

八戒狠狠地嗅了一下空气中拉面的香味，磨磨蹭蹭，一步三回头，叹道："唉，到嘴的拉面又飞了。"

八戒从包裹里翻出几块干巴巴的干粮，一边走一边啃着，噎得直翻白眼。"猴哥，你手脚灵活，你去化点斋饭吧。"

悟空笑道："你那大肚子怎么就填不满呢？"

八戒噘着嘴，抗议道："这一路上，我就没吃过一顿饱饭。瞧，我都瘦了一圈了。"

悟空拿出化缘用的紫金钵盂，对八戒说："今天我们来玩一次公平的抢豆子游戏，谁若输了，就去化斋，如何？"八戒心想："游戏是我老猪的强项，我一定能赢。"于是爽快地说："行！为了公平，我要请沙师弟来做公证人。"

悟空说："在这紫金钵盂里有30粒豆子，我们每次只能从中拿1粒或2粒豆子，谁拿到第30粒豆子谁就赢。"沙僧还没有说"比赛开始"，八戒就抢先拿了2粒豆子，悟空拿了1粒……

当钵盂中还剩下3粒豆子时，八戒心想："不管我拿1粒或2粒，第30粒豆子都是猴哥拿，我这下输定了。"于是他把手中的豆子故意丢入钵盂里，说："猴哥，不好意思，豆子掉到钵盂里了。这次不算，我们重新比。"

接下来，他俩又比了几次，可每次都是孙悟空拿到第30粒豆子。

"今天手气真背，我老猪怎么每次都输？"八戒向沙僧诉苦道，"沙师弟啊，这人要倒霉，喝凉水都塞牙。"

"二师兄，你先歇着，我去给你化缘。"沙僧接过紫金钵盂，刚走出几步便听见唐僧说道："我们也不要闲着，都拿出书来学习一番。"八戒一听又要读书，连忙夺过钵盂，说道："还是我去化缘吧。"

八戒走后，沙僧对悟空说："大师兄，你今天手气真好，比了好几次，你都赢了。"悟空笑着说："其实，我利用了'30能被3整除'的原理。八戒争强好胜，每次他都先拿。如果他拿1粒，我就拿2粒；他拿2粒，我就拿1粒，这样我们每次拿的豆子数加起来都是3。所以每次到最后，都是我拿到第 30 粒豆子。"沙僧感慨地说:"原来在这比赛里也有数学知识啊!"

【唐僧课堂4】

　　如果两人玩"取 N 粒黄豆"的游戏,每次取 1、2 或 3 粒,取到最后一粒为胜者,如何保证必胜呢?我们可以这样思考:由于每人取的黄豆数是 1、2 或 3,所以可以把剩余的黄豆分为两类。第一类,剩余的黄豆数是 4 的倍数;其他情况是第二类。如果黄豆数 $N = 4K + R$,$R = 1$、2、3,那么先取者有必胜的策略,他只要第一次取 R 粒黄豆,则剩余的黄豆为 $4K$ 粒,以后对方每取 S($S = 1$、2 或 3)粒,他都取 $(4 - S)$ 粒,使每一回合总是取走 4 粒,则最后一粒必然落在先取者手中。如果黄豆数 $N = 4K$,则后取者有必胜的策略,因为不论先取者取走几粒,只要后取者取走的粒数与先取者上一次取走的粒数之和为 4,后取者就一定会拿到最后一粒。

空手而归的八戒

　　"这该死的弼马温。"猪八戒一路走,一路骂。不一会儿,他走到一户农家门前,看到一位农妇正在赶鸭进笼,忙上前施礼:"施主,我从东土而来,到智慧山取《智慧经》,想到你家化点斋饭。"

农妇打量了八戒一会儿，说："原来是来取《智慧经》的。你如果能回答出我的问题，我就请你到我家做客；如果回答不出来，就请到其他地方化斋。"八戒为难道："现在和尚也难当啊，化个斋还得答题。"

农妇看了一眼院里的鸭子，说道："太阳落山晚霞红，我把鸭子赶回笼。一半在外闹哄哄，一半的一半进笼中。剩下十五围着我，共有多少请算清。"八戒平时好吃懒做，哪里会解。他数了半天，可鸭子跑来跑去，他的眼睛都花了，也没点清有多少只鸭子，他只能继续往前找人家。忽然，他看到眼前有座大寺庙，心想这下好了，和尚总不会为难和尚吧。

到了寺里，见过住持，八戒介绍了一下自己。住持叫来一位小和尚，让他把八戒带到了五观堂（食堂）。到了五观堂，小和尚不给八戒打斋饭，却指着台上的碗说："在我们寺里，每三个僧人共给一碗饭，四个僧人共给一碗汤。这里共有 70 只碗，请问，我们寺里共有多少僧人？你如果能回答上来，我给你斋饭；回答不出来，就请回吧。"八戒知道自己回答不上来，只能空手而归了。

唐僧见八戒回来了，就问："八戒，你化的斋饭呢?"八戒垂头丧气地说了经过。唐僧说："我平时让你学习你不听，现在碰壁了吧。其实这两道题并不难，都是分数问题。第一个问题你得这么想：一半在外闹哄哄，说明在外面的鸭子占鸭子

总数的 $\frac{1}{2}$；一半的一半进笼中，说明笼中的鸭子占总数的 $\frac{1}{4}$。

所以只要用 $15 \div \left(1 - \frac{1}{2} - \frac{1}{4}\right)$，便可求出一共有 60 只鸭子。

第二个问题：三个僧人共给一碗饭，说明每个僧人分得 $\frac{1}{3}$ 只

碗；四个僧人共给一碗汤，说明每个僧人又能分得 $\frac{1}{4}$ 只碗。加

起来，每个僧人其实能分得 $\left(\frac{1}{3} + \frac{1}{4}\right)$ 只碗。然后用 $70 \div$

$\left(\frac{1}{3} + \frac{1}{4}\right)$，就可求出一共有 120 个僧人。"八戒听后，连连点

头："师父就是聪明。走，我们现在就去回答他们的问题。我

的肚子早就饿瘪了。"

【唐僧课堂5】

　　一天，唐僧在路上问八戒："一半和 $\frac{8}{16}$ 有何分别？"八戒

不会回答。唐僧启发道："想一想，如果有半个橙子和 8 块

$\frac{1}{16}$ 个的橙子摆在你面前，你要哪一个？"八戒立刻说："我一

定要半个橙子。""为什么？""橙子在分成 $\frac{1}{16}$ 的小块时已经

流去很多橙汁了，师父你说是不是？"

八戒偷桃被抓

八戒一边走，一边抱怨道："热死俺老猪了。"

"八戒，快点跟上。"悟空催促道。

八戒磨磨蹭蹭地说道："你这瘦猴子，我老猪一身肥肉，哪能跟你比。"

一阵风吹来，风中夹杂着淡淡的果香，这可逃不过八戒的鼻子。他立刻捂着肚子叫道："哎哟，疼死我了。师父，我得找个地方方便一下。你们休息一会儿，等等我。"说完，八戒钻进林子不见了踪影。

八戒闻着香味，很快就找到了一片桃园。"哈哈，这下我可要饱餐一顿了。"八戒狼吞虎咽，不一会儿，脚下就积了一堆桃核。他吃饱后才想起师父，刚想摘几个桃子带回去，一个大汉忽然跳出来叫道："大胆毛贼，竟敢偷我园子里的果子！"

八戒连忙把桃子塞进袖子里，满脸堆笑道："施主，我是东土大唐到智慧国取《智慧经》的和尚，途经宝地，摘了几个果子解解渴，没想到惊动你了。"

大汉上下打量了八戒一番，笑道："就你这模样，也想取得《智慧经》？我看你是猪鼻子里插大葱——装象（相）。"八戒只能拿出这一路的通关文牒，说道："这可假不了。"大汉只看了一眼就把文牒扔给八戒，笑道："就这假东西，在路边一

分钱能买十本。我的桃园里这几天少了许多桃子，肯定是你偷的。"八戒暗暗叫苦：这偷桃子的黑锅，自己是背定了。

"你如何才能相信我不是偷桃的贼？"八戒问道。

大汉想了想，说："要让我相信你是来取《智慧经》的也不难，只要你能答出我的问题。"

大汉指着一筐桃，说："刚才我采了一筐桃子，由于天热，我吃了 $\frac{1}{3}$，剩下的比吃了的一半多 24 个。你知道我吃了多少个桃子吗？如果你能回答上来，我就不追究你偷桃子的事；如果你回答不上来，我就拉你去见官。"

八戒心想："真是饭桶，比我老猪还能吃啊。"八戒不会算，可他有自己的办法。他低着头假装思考，两只眼在地上搜寻着吃剩的桃核。"1、2、3、4……哈哈，我知道了，你吃了 15 个桃。"

"错了。你就是个不学无术的偷桃贼，跟我去见官!"大汉把八戒捆了起来。八戒求饶道："我不会解，可我师父会解。"

大汉怒道："什么，你们还组团来偷桃？"

八戒带着大汉来到了师父的身边，把事情的经过跟师父讲了一遍。唐僧对大汉说道："施主，如果贫僧没算错，你吃了16 个桃。"

八戒叫道："刚才你肯定藏了一个桃核，害得我老猪数错了。"

唐僧怒道："偷吃桃子还嘴硬。悟空，家法处置，打30 大棍。"八戒："猴哥，你棍下留情啊！"

【唐僧课堂6】

　　要求出故事中的大汉吃了多少个桃子，可以先把一筐桃子看作"1"，大汉吃了 $\frac{1}{3}$，可知还剩下 $\frac{2}{3}$。再根据剩下的比吃了的一半多24个，推出剩下的比原来一筐桃子的 $\frac{1}{3} \times \frac{1}{2}$ $= \frac{1}{6}$ 多24（个）。$24 \div (\frac{2}{3} - \frac{1}{6}) = 48$（个），所以一筐桃子共有48个。$48 \times \frac{1}{3} = 16$（个），所以大汉吃了16个桃子。

美味的水蜜桃酒

　　大汉十分钦佩唐僧，热情地邀请师徒四人去自家做客。

　　晚饭时，八戒狼吞虎咽，悟空轻声提醒道："八戒，注意你的吃相。"八戒两眼一瞪，说道："我的吃相咋了？挨了你30大棍，我得好好补补。"

　　八戒吃得太猛，噎得直伸脖子，喊道："要是再来点水和酒，那就更好了。"

　　"有酒水，你们等着。"大汉抱出两个坛子，说道，"左边这一坛是我酿的水蜜桃原浆酒，右边这一坛是山泉水。将酒浆和山泉水按1:4的比例勾兑，味道可是十分醇美。"

不等大汉说完，八戒便舀了 500 克酒浆和 1000 克山泉水勾兑在一起。

八戒尝了一小口，皱着眉头说道："这酒太难喝了。"

"好酒！"悟空也勾兑了一杯，喝完后称赞道。

八戒品尝了悟空勾兑的酒后，纳闷道："猴哥，你的酒咋比我的好喝呢？"

悟空笑道："我这酒是按原浆酒和山泉水 1:4 的比例勾兑的，而你是按 1:2 勾兑的。"八戒恍然大悟："原来如此，我重新勾兑。"说完，八戒就想把自己原来勾兑的酒倒掉。唐僧阻止道："八戒，不可浪费，你可以在原来勾兑的基础上重新勾兑。"

"这……这如何勾兑？唉，喝点酒还得动脑筋，真麻烦。"八戒端着酒壶，不知如何是好。

沙僧在一旁提醒道："二师兄，酒浆和水的比例是 1:4，你原来勾兑的酒中酒浆和水的比例是 1:2，你再加点水就行了。"

八戒说："我明白了。我已经加了 1000 克水，相当于 2 份，再加 2 份水也就是 1000 克水就行了。"

悟空笑道："八戒，你变聪明了。"

八戒听到夸奖，顿时来了精神："我本来就不笨。想当年，我当天蓬元帅时……"

悟空第一个受不了了，站起来说："吃得太饱，我去走走。"

沙僧说："我去喂马。"

唐僧说："施主，我给你儿子辅导一下数学。"

大汉说："我给你们摘几个西瓜解解渴。"

八戒抬着头望着天，讲得唾沫星子乱飞，低头一看，发现大家全走光了，怒道："这帮人太不给我面子了。"

八戒来到屋外，发现大伙正在采摘西瓜，立刻又来了精神："我老猪挑西瓜，可是一挑一个准。想当年，我老猪在高老庄种了一大片西瓜，识别生瓜和熟瓜可是有讲究的……"

八戒一边挑，一边滔滔不绝地讲开了。过了一会儿，八戒抱起一个瓜，叫道："猴哥，这个瓜肯定熟了。"

无人应答。他环顾四周，发现大家又走光了。

"太伤自尊了！"

【唐僧课堂7】

如何识别生瓜与熟瓜：一只手将西瓜托起，用另一只手弹瓜，托瓜的手感觉有震荡的是熟瓜，没有震荡的是生瓜；用手指拍西瓜，声音浑浊沉重的是熟瓜，声音清脆的是生瓜；两手抱起西瓜，放在耳边，用两手轻轻挤压，瓜里发出裂声的是熟瓜，没有裂声的是生瓜；熟瓜会浮在水面上，生瓜则沉入水底；熟瓜的脐部凹入较深，生瓜凹入较浅；熟瓜的皮色灰暗，生瓜的皮色鲜嫩明亮。

想当逃兵的八戒

"智慧路上故事多，老猪我受伤次数多。"八戒整天念叨着这两句话。

沙僧见八戒提不起精神，便对悟空说道："大师兄，二师兄这状态好似要打退堂鼓啊。"

"他要敢当逃兵，看我不把他的猪腿打断！"

唐僧也看出了八戒的情绪不对，多次找八戒谈心，可谓煞费苦心。"八戒啊，做人不能光顾着自己的小家，心中要装着天下的普通百姓……"

八戒哭丧着脸，说："师父，不是我老猪偷懒。西天取经路上吃不饱、睡不好，俺老猪都没意见。可是现在，我也是有事业的人，高老庄农家乐少不了我老猪啊。"

唐僧知道八戒最怕悟空，便说道："悟空啊，劝说八戒的事就交给你了。记住：一不可以打，二不可以骂。"

一不能打，二不能骂，这可愁坏了悟空。

一天，悟空在看书的时候找到了一个劝说八戒的好办法。他把八戒拉到一边，说："八戒，你是不是想回高老庄了？"八戒一脸委屈地说："是啊，可师父他不准。"

悟空笑道："今天我和师父商量了，只要你能按我的方式从 100 粒豆子中拿出黄豆，师父就准你回家。"

"真的？猴哥你可别骗我。"

悟空拿出一把绿豆，说："这里有 99 粒绿豆，你把它们排成一排。我手上还有 1 粒黄豆，等你排好了，我把黄豆放到绿豆里面。你从第 1 粒豆子开始拿，之后隔 1 粒拿 1 粒。拿完第一遍后，你还是按原来的规则，再拿第二遍。这样一遍一遍地拿下去，最后只剩下 1 粒豆子。如果你在这个过程中能拿到黄豆，就可以回高老庄。"

八戒心想："100 粒豆子，这样一遍遍地拿，能拿出 99 粒，我就不信拿不到黄豆。"想完，八戒爽快地答应了："行!"

悟空笑道："如果你拿不到呢？"

八戒拍着胸脯说："如果我拿不到黄豆，不取到《智慧经》，我老猪决不回家。"

说完，八戒就开始排列绿豆。八戒排好了之后，悟空就找了一个位置，把黄豆放到了绿豆的队列里。八戒开始拿了，第 1 粒、第 3 粒、第 5 粒、第 7 粒……八戒拿完第一遍，没有拿到黄豆，又开始拿第二遍、第三遍、第四遍……直到 100 粒豆子只剩下 1 粒，而那 1 粒偏偏就是黄豆。

"这该死的猴子，又耍花样骗我老猪。"八戒嘴上这么说，可心里却无比佩服悟空的聪明。

沙僧也没想明白，问悟空："大师兄，你把黄豆放在什么位置？为什么二师兄拿了 99 粒豆子，也没有拿到黄豆呢？"

悟空神秘地笑了笑："你们自己琢磨。"

【唐僧课堂8】

故事中，悟空能够赢八戒，是遵循着一些规律做到的。八戒一遍一遍地取豆，取出的豆子的位置有如下规律：

第一遍：1、3、5、7、9……（取出了所有的奇数）

第二遍：2、6、10、14……（取出了2的奇数倍）

第三遍：4、12、20、28……（取出了4的奇数倍）

第四遍：8、24、40、56、72、88。（取出了8的奇数倍）

第五遍：16、48、80。（取出了16的奇数倍）

第六遍：32、64。（取出第32个，最后还剩第64个）

所以，悟空只要把黄豆放在64的位置上，八戒就取不到了。

可怕的紧箍咒

"猴哥，你听师父的肚子都饿得咕咕叫了，你快去化点斋饭来吧。"八戒最喜欢利用师父来使唤悟空。

悟空拍了一下八戒的肚子，说道："是你的肚子饿得咕咕叫吧。"

八戒不好意思地笑道："一样的，都饿了。"

悟空驾着筋斗云，转眼间就不见了踪影。途中正好经过花果山，悟空挂念着猴子猴孙，便降下云头，禁不住猴子猴孙们的热情挽留，又和小猴们开起了派对。酒喝多了，他便忘记了化斋的事。

过了几个小时，悟空才想起来化斋的事，"不好，师父让我出来化斋，我得赶紧回去。"悟空连翻了几个筋斗云，这才回到唐僧的身边。八戒闻到悟空身上的酒气，便缠着悟空要酒喝："好猴哥，把你弄的酒给我一些，让我解解馋吧。"

悟空怒道："你这个呆子，什么事也不做，有现成的斋饭吃就不错了，还要喝酒？"

八戒灰溜溜地跑到唐僧面前告状，说："师父，猴哥去化斋饭，偷偷地喝了酒。"

唐僧听说悟空犯了戒律，又念起了"紧箍咒"……

悟空天不怕地不怕，就怕唐僧念"紧箍咒"，他疼得在地上直打滚："师父，别念了，弟子知错了。"

在沙僧的劝说下，唐僧才饶过了悟空。

沙僧扶着悟空坐下，问道："大师兄，想当年太上老君的炼丹炉也没把你怎样，这'紧箍咒'怎么这么厉害？"

悟空说："沙师弟你有所不知，这金箍直径 20 厘米，师父每念一次咒语，金箍就会缩短原来长度的 $\frac{1}{100}$。师父连念了 5 遍咒语，那金箍就像嵌入我的头皮里一样，疼痛难忍啊！"

沙僧心想：师父念咒前，金箍的直径与大师兄脑袋的直径相同，也是 20 厘米，周长就是 20π 厘米。每念一次原周长缩短 $\frac{1}{100}$，念了 5 次后，周长就变为 $20 \times (1 - \frac{1}{100} \times 5) \times \pi =$

19π（厘米）。周长缩短了 1π 厘米，那么直径就缩短了 1 厘米，半径缩短了 0.5 厘米。沙僧想到这里，感叹道："金箍已经嵌入大师兄的头皮 0.5 厘米了，难怪你最怕师父念'紧箍咒'了，谁能受得了啊！"

【唐僧课堂9】

问：沿着一个地球仪上的赤道，用铁丝围个圈。半径增加 1 米，需增加 m 米长的铁丝。假设地球的赤道上也有一个圈，同样地，半径也增加 1 米，需要增加 n 米长的铁丝。请通过计算得出 m 与 n 的大小关系，并说明理由。

答：假如地球仪的半径为 0.3 米，那么 $m = \pi \times (0.3 + 1) \times 2 - \pi \times 0.3 \times 2 = \pi \times 2.6 - \pi \times 0.6 = 2\pi$（米）。

假如地球的半径为 6378000 米，那么 $n = \pi \times (6378000 + 1) \times 2 - \pi \times 6378000 \times 2 = \pi \times 12756002 - \pi \times 12756000 = 2\pi$（米）。

所以，$m = n$。

唐僧分钱

八戒、悟空、沙僧都到集市上去玩了，唐僧独自留下来看行李。他在路边找了块干净的石头，坐下来看书。刚看了一会儿，他便听见一阵嘈杂声，抬头望去，见两个十来岁的男孩在争吵。

"小朋友，你们为什么争吵？"唐僧问道。

这两个男孩走过来说："你好，我叫明明，他叫亮亮。这里有9元钱，请你帮我们分一下吧。"

唐僧笑着说："这还不好办，每人分4.5元。"明明摇摇头，说："这样分不对。这9元钱是一个商人给我们的面包钱。今天早上，我和亮亮一起来赶集。我带了5个面包，亮亮只带了4个面包。我们在路上碰到了一位商人，我们仨就把我和亮亮带的面包平均分成3份吃了。后来那位商人给了我们9元钱，算作面包钱，让我们分，可我们却不知如何分才公平。"

唐僧说："原来是这样。你们想让我根据每人吃的面包多少，来公平地分这笔钱，是吗？"两个男孩同时答道："是的。"

唐僧想了一会儿，说："你们一共有9个面包，平均分成3份，也就是说你们每人吃了3个面包。商人吃了3个面包，给了你们9元钱，所以3元钱只能买1个面包。亮亮，你原来只有4个面包，自己又吃了3个面包，所以你只拿出了1个面包给商人，那么你只能得到9元钱中的3元，其余的6元应是明明的。"

说完，唐僧帮他们分钱："这3元是亮亮的，这6元是明明的。好了，你们赶紧去集市上玩吧。"两个男孩分到钱后，便高高兴兴地去赶集了。

【唐僧课堂 10】

问：一天，八戒向悟空借了 500 元，向沙僧借了 500 元，买了一件衣服用了 970 元，剩下 30 元，还了悟空 10 元，还了沙僧 10 元，八戒还剩下 10 元。八戒心想："欠猴哥 490 元，欠沙僧 490 元，490 + 490 = 980（元）。加上自己的 10 元，总共是 990 元。那么，还有 10 元去哪里了呢？"

答：980 + 10，这本身就是一个不成立的算式。八戒向悟空、沙僧各借了 500 元，共 1000 元，然后买衣服花了 970 元，还剩 30 元。之后，他还给悟空、沙僧各 10 元，自己留了 10 元，还欠悟空、沙僧 490 + 490 = 980（元）。注意这里，八戒留下的 10 元也属于欠悟空、沙僧的钱，也是 980 元里的。所以，八戒欠的钱是 980 + 10（还给悟空）+ 10（还给沙僧）= 1000（元），980 + 10 是不成立的算式。

猪叔叔，你又输喽

八戒在集市上看到一个男孩吃冰激凌，馋得口水直流。口袋空空的他想到了一个歪点子，于是走上前笑道："小朋友，我们来场比赛，如果你输了，冰激凌就归我。"小男孩反问道："要是你输了呢？"八戒觉得自己肯定不会输，爽快地说："我输了，随便你提什么条件。"

小男孩看了看八戒肥胖的身体，笑道："行，那我们比赛爬树。"

八戒连忙摇头，说道："不行、不行，换一个。"男孩又说道："那比赛跑步。"八戒看了看身边的小男孩，心想：虽然我老猪跑得慢，可我的个子比他高多了。我跑一步，他得跑好几步。于是八戒爽快地答道："行，我们就比百米赛跑。"

比赛开始了，肥胖的八戒哪是小男孩的对手。当八戒才跑了 90 米时，小男孩已经冲到了终点。八戒喘着粗气，嚷道："这次算热身赛，不是正式比赛，正式比赛的话你得比我多跑几米。"

小男孩想了想，对八戒说："好，正式比赛时，我的起跑线往后移 10 米。如果我不能领先你到达终点，就算我输。"八戒心想："刚才我跑到 90 米时，他跑了 100 米。现在他距离终点 110 米，当他到达终点时，我正好跑了 100 米，也到达了终点。这样的话，还是我赢。"

比赛开始了，当八戒跑完 90 米时，小男孩已和他并驾齐驱了，最后仍是小男孩获得了胜利。

"这次不算，三局两胜。第二局我们到操场上比赛 400 米，谁先跑完谁就赢。"八戒心想，自己的耐力总比小孩好一些。

八戒请来一个人当裁判，八戒在内圈，小男孩在外圈，他们俩从同一起跑线开始跑，跑步过程中不准抢道。比赛开始了，八戒一路领先，最后以 1 米的优势率先冲过终点。

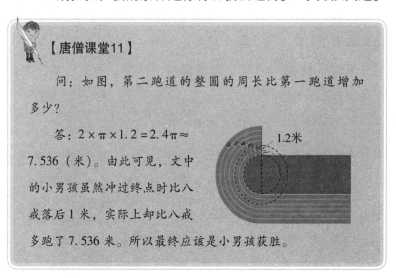

"哈哈，我赢了！"八戒兴奋地叫起来。

裁判算了一会儿，说："这次比赛，小男孩胜。"

"什么，你瞎了吗？"八戒想不明白。

这时唐僧走了过来，说道："八戒，谁先跑完 400 米，谁就赢。这次你输了。"

"八戒叔叔，我的条件是你背着我去逛街。"小男孩笑道。

【唐僧课堂11】

问：如图，第二跑道的整圆的周长比第一跑道增加多少？

答：$2 \times \pi \times 1.2 = 2.4\pi \approx 7.536$（米）。由此可见，文中的小男孩虽然冲过终点时比八戒落后 1 米，实际上却比八戒多跑了 7.536 米。所以最终应该是小男孩获胜。

1.2米

八戒打妖

一天，悟空见前面有妖气，便对八戒说："八戒，你去打探一下，我保护师父。"八戒心里很不愿意，但又怕悟空拎他的耳朵，只能硬着头皮往前走，一边走一边骂道："该死的弼马温，危险的事都让我老猪去做。"

很快，八戒就找到了一个岩洞，岩洞里有一个石门，石门旁边还有一个很大的水池，水池壁上隐隐约约有几行字：开门的钥匙在水池里。

"哈哈，我老猪的运气就是好，连钥匙都能轻易拿到。"八戒刚想跳进池里拿钥匙，就发现水里有许多条鲨鱼，顿时吓出了一身冷汗。

这时，八戒又看到了下面的几行字：水池中有 6000 千克含盐率为 3% 的海水，当含盐率正好为 4% 时，瓶子会浮出水面；当含盐率超过 4% 时，鲨鱼会撞击池壁，触动机关，来者必死无疑。

八戒发现水池边有许多袋盐，自言自语道：加多少盐才能使海水的含盐率正好为 4% 呢？

为了不惊动妖怪，八戒只能返回去请教师父。唐僧在纸上写了这样几个算式：

6000 × 3% = 180（千克）……原来海水中盐的重量

6000 − 180 = 5820（千克）……原来海水中水的重量

5820 ÷（1 − 4%）= 6062.5（千克）……现在海水的总重量

6062.5 − 6000 = 62.5（千克）……需加入盐的重量

八戒又来到山洞，挑了一袋正好重 62.5 千克的盐，慢慢地倒入水池中。不一会儿，盐溶化了，池底的瓶子也慢慢浮出了水面。八戒拿起钥匙，插进石门的锁中，石门打开了。突然从一个山洞里窜出许多狼妖和蜘蛛精，他们举刀就向八戒冲

来，嘴里还叫道："有猪肉吃喽！"

八戒一看到有这么多妖怪，吓得撒腿就跑，最后变成一团泥才骗过妖怪、逃过了一劫。当八戒一瘸一拐地回来后，悟空笑道："八戒，你打探清楚了没有，是什么妖怪？各有几只？"

八戒哭丧着脸说："是狼妖和蜘蛛精，我一共看到 10 张可怕的脸，但没看清各有几只。我只记得他们从我身上踩过，共踩了 48 脚。我老猪的屁股都被踩肿了。"

悟空想了想，说："一共有 10 个妖怪，其中有 8 只狼妖、2 只蜘蛛精。"八戒充满疑惑地问道："猴哥，你又没去，怎么知道这 10 只妖怪中有 8 只狼妖、2 只蜘蛛精呢？你教教我吧。"

"不教，你去问师父。"

【唐僧课堂12】

假设故事中的所有妖怪都是狼妖，那么应该有40条腿。已知八戒被踩了48脚，说明妖怪共有48条腿，少了48－40＝8（条）腿。而一只狼比一只蜘蛛少4条腿，8÷4＝2（只）。所以其中有2只蜘蛛精、8只狼妖。

智斗三角怪

一天，一个妖怪趁悟空外出化斋时抓走了唐僧。八戒从土地爷爷那里得知，这个妖怪叫"三角怪"，住在三角洞中，他手中的三角形兵器变化无常、十分厉害。

八戒追到三角洞，洞口的形状是一个等边三角形。

"妖怪，出来！"八戒在洞门前大声地叫嚷道。一阵烟雾飘过后，一个面目可憎的怪物手拿三角形兵器，站在洞门口冷笑道："猪八戒，要是你能把我的兵器拉变了形，我就把唐僧还给你。"

"一言为定。"可八戒使出吃奶的劲儿，也拉不动三角形兵器。

这时，悟空赶来，举棒就打。妖怪知道自己打不过悟空，化成一股烟逃回了洞中，关上了洞门。

洞门十分坚固，他们根本无法破门而入。悟空发现洞门上画着几个图形：

直角三角形（　）
钝角三角形（　）
锐角三角形（　）

直角三角形（　）
钝角三角形（　）
锐角三角形（　）

直角三角形（　）
钝角三角形（　）
锐角三角形（　）

"这肯定是开门的密码。"说完，八戒在第一个图形下选择了"直角三角形"，在第二个图形下选择了"钝角三角形"。当八戒正想在第三个图形下选择"锐角三角形时"，悟空拉住他，说："已知两个锐角，不能断定这是什么类型的三角形。"

悟空用"顺风耳"窃听到妖怪的话："让他们猜吧，这个三角形的最大角是 88 度。"

悟空乐道："八戒，我听到妖怪说，第三个图形的最大角是88度，所以这个三角形一定是锐角三角形。"

他们顺利进入洞中，妖怪躲在另一个门后，笑道："唐僧已经被放进笼屉里蒸上了，如果你们不能很快进来，唐僧就被蒸熟了。"

只见门上写了许多组数字：（2、2、3）（4、7、5）（6、8、10）（7、7、15）……

妖怪说道："门上的这些数字代表木棒的长度，哪一组不能组成三角形?"

八戒十分着急："猴哥快想办法呀，要不然师父就被煮熟了!"

悟空脱口而出："应该选择'7、7、15'这一组。"

门打开了，悟空、八戒急匆匆地跑进去，只见唐僧被关在一个三角形的笼屉里。笼屉上有一个数字键盘，而且这个三角形笼屉的两个角上标明了度数：23度、45度，另一个角上打了一个问号。

悟空眼疾手快，在笼屉上的数字键盘上输入了"112"。

笼屉打开了，悟空救出了师父。"三角怪"化作一股烟，去找他的大哥"四边怪"了。

【唐僧课堂13】

围成三角形的三条边必须符合"两条短边之和大于第三条边"的规律。

由于 $7+7=14$，小于第三条边 15，所以文中的"7、7、15"这一组无法围成三角形。

智慧宫遇阻

唐僧师徒四人一路上风餐露宿，终于到达智慧山顶。只见一座巨大的城堡高耸入云，用宝石镶成的"智慧宫"三个字在阳光的照耀下光芒四射。

八戒兴高采烈地跑到宫门前，用力地敲打宫门，高声叫嚷："开门、开门！我们来取《智慧经》了。""八戒，小心有暗器！"悟空连忙飞身上前，把八戒推到一边，但是从门缝中射出的一团火球还是烧着了八戒的衣服。

八戒沮丧地说道："不让我们进门就算了，还放火烧我们，看我不打破这宫门。"说完，八戒对着宫门用力地打了一耙。"砰"的一声，宫门纹丝不动，八戒反而被弹出很远。

"八戒，不得无礼。"唐僧走上前，只见宫门上有一个算式：

$$
\begin{array}{r}
A\ B\ .2 \\
\times\ C\ D\ .E \\
\hline
6\ *\ \ * \\
*\ \ *\ \ * \\
\hline
1\ *\ \ *\ .1\ \ 0
\end{array}
$$

下面还有一行字：要进此门，先求密码 *ABCDE*。

八戒揉着屁股，说道："原来是密码门。这个算式怎么不早出现，害得我老猪差点被烧成'烤猪'。师父，你说这密码是多少？"

唐僧掐指一算，说道："12105。"

八戒顿时来了精神，抢先说道："师父，开门这点小事就不麻烦你了，让我老猪来！"

宫门打开了，八戒第一个冲了进去，但这次八戒又失望了。八戒沮丧地对唐僧说："师父，我没找到《智慧经》，只在墙上发现了一支笔。"

唐僧发现大厅中的一面墙很特殊，墙上的方格中写着一些"智"和"慧"。唐僧想了想，说道："答案可能就在这面墙上。"

	智	智	智	
		慧	慧	
		慧	慧	
智				

这时大厅中响起了一个声音："请用你们的智慧开启'智慧之墙'，把墙面上的方格分成四等份，每份中必须有'智慧'二字。"

八戒认真地数了数方格，共有 36 格。墙上正好有四组"智慧"，分成四等份，每份有 9 格。八戒在地面上试着分了分，信心十足地说："行了。"他拿起笔画了下来：

		智	智	智	
	智	慧	慧		
		慧	慧		
智					

八戒刚画完，智慧墙就打开了。

【唐僧课堂14】

　　文中"宫门上的算式"的解题思路为：积的末位是 0，只有 $2 \times 5 = 10$，可知 E 为 5；从竖式部分积的对位排列来看，缺少了第一个乘数与第二个乘数的个位的乘积，由此可知 D 为 0；根据积的最高位是 1，可知 A 和 C 都为 1；根据积的十分位是 6，可知 B 为 3。

智 慧 经

八戒进入房间一看，房间里有两个用精钢制成的盒子，每个盒子上面各有一个仅能容纳一只手臂伸入的圆洞。

八戒对悟空说："猴哥，你变成小虫飞进去看看，就知道里面是什么了。"悟空反驳道："八戒，你不是也会三十六般变化吗？你变成蚊子进去看看。"

八戒原来吃过亏，这次他可不敢贸然行动。他围着两个盒子转了几圈，说："左边盒子里有经书，右边没有。"

沙僧走上前轻轻地敲了敲盒子，说道："我认为右边盒子里有经书，左边没有。"

悟空打趣地说道："不可能两边都没有，我也认为左边没有。"

正当大家争论不休时，从房间里传出了声音："三人中，一人全对，一人全错，一人一半对、一半错。"

悟空听完，说道："我知道经书在哪个盒子里了。"沙僧问："大师兄，你说说看，在哪个盒子里？"悟空解释道："沙师弟，你想，如果你的猜测全对，因为我和你的答案一样，所以我的猜测也全对，那就不符合刚才从房间传出来的话。同理，如果我的猜测全对，也不符合刚才的话。所以八戒的猜测全对，你的猜测全错，而我的猜测一半对一半错，正好符合刚才的话。"

八戒一听自己猜对了，顿时来了劲："你们还不相信我的眼力，看我给你们拿经书。"八戒伸手从左边盒子里取出《智慧经》，打开一看，发现上面竟然没有一个字。八戒抱怨道："当年西天取经也没有这么难，我们回去吧。"

这时又传来一个声音："只有用智慧液涂擦《智慧经》，方能看到经文。"八戒小心翼翼地取出两瓶液体，一瓶为红色，有 50 毫升；另一瓶为蓝色，有 74 毫升。

八戒问道："师父，你看哪瓶是智慧液啊？"这时再次传来了那个声音："智慧液需要你们的智慧才能配制成功。你们从两瓶中倒掉同样多的液体，使得蓝瓶中剩下的液体体积正好是红瓶中剩下液体体积的 3 倍，然后将两瓶中的液体合并，就能配出智慧液。"

唐僧沉思了一会儿，说道："每瓶倒掉 38 毫升，然后将两瓶中剩下的液体合并。"八戒按师父的方法配制出了智慧液，将它涂在《智慧经》上，经书上果然显示出了字。

"祝贺各位，你们已获得了智慧。智慧是看不见的，但又是确确实实存在的。一路上，你们凭借各自的知识解决问题，这是智慧有形的一面，所以智慧是知识运用的结果。但没有哪样知识能解决所有问题，这是智慧无形的一面。所有的符号、文字、方法、策略，都是智慧产生的源泉，你正确运用知识的多少决定着你智慧的高低。知识无限，智慧无涯。希望各位从今天开始，不断增长自己的知识，用知识来促进自身智慧的增长！"

八戒读完，顿悟道："原来我老猪也有自己的智慧。"

沙僧说："原来智慧产生在知识的运用中。"

悟空说："原来智慧是无限的，需要我们去开发。"

唐僧说："徒儿们，我们要用我们的知识去开启民众的智慧之门，普度众生！"

【唐僧课堂15】

问：文中的智慧液是如何配制出来的？

思路如下：由于倒掉的液体要一样多，所以不管怎样倒，蓝色液体总比红色液体多24毫升。由于剩下的蓝色液体应是红色液体的3倍，所以蓝色液体比红色液体多2倍，红色液体只能剩24÷2＝12（毫升）。因此，红、蓝两瓶里的液体各倒掉38毫升。

参考答案

★海底世界奇遇记

【挑战自我1】 $14 - 7 = 7$。

【挑战自我2】

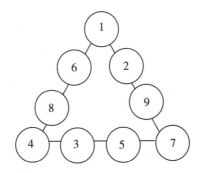

【挑战自我3】 每行有 $4 \times 5 \div 2 = 10$ （个），每列有 $6 \times 7 \div 2 = 21$ （个），一共有 $10 \times 21 = 210$ （个）。

【挑战自我4】 46个，7组。

【挑战自我5】 $996 + 997 = 1993$。

【挑战自我6】 每行有 $4 + 1 + 4 = 9$ （人），每列也有9人，一共有 $9 \times 9 = 81$ （人）。

【挑战自我7】 数字谜真有趣 $= 219784$。

【挑战自我8】

将灰线标注的三根火柴移动到上方，便可使这条鱼的头朝右、尾朝左。如图：

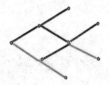

答案如下图：

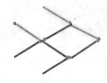

【挑战自我9】144平方米。

★ 阿凡提智斗记

【数学谜语1】三。

【数学谜语2】减法。

【数学谜语3】七上八下。

【数学谜语4】假分数。

【数学谜语5】十。

【数学谜语6】相等。

★ "狐丽狐途蛋" 奇遇记

【挑战自我1】-14；0；+9或9。

【挑战自我2】475根。

【挑战自我3】17.5元，4元。

【挑战自我4】(8-8)×8×8=0；(8÷8)×(8÷8)=1；(8÷8)+(8÷8)=2；(8+8+8)÷8=3。

【挑战自我5】如果甲先取，则甲第一次取4根，以后不

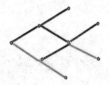

论乙取几根，甲所取的根数只要和乙所取的根数之和为 6，就一定能赢。

【挑战自我 6】任何一个两位数乘 201，所得积的末两位数就是这个两位数。美丽兔只要用 82 乘 3（因为 67×3＝201）等于 246，就可知狐途有几角几分了。

【挑战自我 7】憨憨兔答对了 5 道，答错了 10 道。

【挑战自我 8】第 1 次相遇，小冬走了 40 千米，即两人共走一个全程。第二次相遇时，两人共走了 3 个全程，所以此时小冬走的路程为 40×3＝120（千米）。此时，小冬到达乙地后又离开乙地 15 千米，所以甲、乙两地的路程为 40×3－15＝105（千米）。

★ 文迪古代奇遇记

【穿越时空解题 1】解：此题用方程解。设壶中原来有酒 x 斗，得 $[(2x-1)\times2-1]\times2-1=0$，解得 $x=\dfrac{7}{8}$。也可以用倒推的方法求得：$\{[(0+1)\div2+1]\div2+1\}\div2=\dfrac{7}{8}$（斗）。

【穿越时空解题 2】解：这道题可以用分组的思想来解答。把 1 个大和尚和 3 个小和尚分为一组，4 个和尚正好分到 4 个馒头，所以 100÷4＝25（组），由此可知，大和尚有 25 人，小和尚有 75 人。当然也可以用方程式、假设法等来解答。

【穿越时空解题 3】解：把顶层灯数看作 1 份，那么每层依次为2、4、8、16、32、64份，381÷（1＋2＋4＋8＋16＋32＋64）＝3（盏）。所以，顶层有3盏灯。

【穿越时空解题4】1×2＋3×4＋5×6＋7×8＝100。

【穿越时空解题5】

莺啼岸柳弄春晴晓月明：

莺啼岸柳弄春晴，柳弄春晴晓月明。

明月晓晴春弄柳，晴春弄柳岸啼莺。

香莲碧水动风凉夏日长：

香莲碧水动风凉，水动风凉夏日长。

长日夏凉风动水，凉风动水碧莲香。

秋江楚雁宿沙洲浅水流：

秋江楚雁宿沙洲，雁宿沙洲浅水流。

流水浅洲沙宿雁，洲沙宿雁楚江秋。

红炉透炭炙寒风御隆冬：

红炉透炭炙寒风，炭炙寒风御隆冬。

冬隆御风寒炙炭，风寒炙炭透炉红。

【穿越时空解题6】

这是典型的盈亏问题，一般解法有以下几种：（盈数＋亏数）÷两次分配之差＝份数，（大盈－小盈）÷两次分配之差＝份数，（大亏－小亏）÷两次分配之差＝份数，一盈一平或一亏一平＝盈数或亏数÷两次分配之差＝份数。通过以上解法求得：共有15名小朋友，有62粒糖果。